高职高专特色实训教材

化学实验技术
实训教程

马　超　主编
牛永鑫　主审

化学工业出版社

·北京·

本书内容包括认识化学实验、化学实验准备工作、化学实验操作三大部分。涵盖实验室规则、安全守则、意外事故的处理与急救用具、实验室废弃物的处理等常规实验常识，常用玻璃仪器和其他器具、化学试剂的等级、取用和保管、实验室用水的级别及主要指标和纯水的制备方法、国际单位制和我国法定计量单位、误差及有效数字及其运算规则、实验记录与实验报告等基本知识，常用玻璃仪器的洗涤和干燥、加热设备的分类及加热方法、各类天平及量器的使用、溶解与搅拌、溶液的配制方法、蒸发与结晶、分离与洗涤、回流、蒸馏、分馏、减压蒸馏、水蒸气蒸馏等基本操作技术。

全书按照项目化课程体例格式编写，图文并茂、直观易读，同时采用二维码技术展现实验的操作及重难点知识，增强了教材的直观性，可作为高职高专化工类相关专业的实训教材，也可供从事该专业领域的企业工程技术人员参阅。

图书在版编目（CIP）数据

化学实验技术实训教程/马超主编. —北京：化学
工业出版社，2018.3
高职高专特色实训教材
ISBN 978-7-122-31427-7

Ⅰ.①化⋯　Ⅱ.①马⋯　Ⅲ.①化学实验-高等职业
教育-教材　Ⅳ.①O6-3

中国版本图书馆 CIP 数据核字（2018）第 012844 号

责任编辑：提　岩　　　　　　　　　文字编辑：刘心怡
责任校对：边　涛　　　　　　　　　装帧设计：刘丽华

出版发行：化学工业出版社（北京市东城区青年湖南街 13 号　邮政编码 100011）
印　　刷：北京京华铭诚工贸有限公司
装　　订：北京瑞隆泰达装订有限公司
787mm×1092mm　1/16　印张 8¼　字数 198 千字　2018 年 5 月北京第 1 版第 1 次印刷

购书咨询：010-64518888（传真：010-64519686）　　售后服务：010-64518899
网　　址：http://www.cip.com.cn
凡购买本书，如有缺损质量问题，本社销售中心负责调换。

定　　价：26.00 元

——>>> 前　言

本书是根据高等职业院校技术技能型人才的培养目标和化工技术类专业技术能力培养需求，以必需够用为原则，整合"无机化学实验""有机化学实验""基础化学实验技术"等课程的相关学习内容编写而成的。

在知识内容的编排上，注意了知识和技术的渐进性，以典型任务为载体，将单元操作整合融入，既考虑到了化学实验单元操作技术内容的完整性，又兼顾了实验任务所需的基本知识和技术，同时注意前后知识的连贯性、逻辑性和重要技能的反复练习与强化，为学生后续课程的学习和可持续教育奠定基础。每个实验项目中都留有供学生自学和思考的内容，以锻炼学生的思维能力，拓宽知识面，更好地理解所学理论知识。

为了适应高职"任务驱动、项目导向"的教学改革趋势，采用典型实验任务为导向，引导学生通过对教材中相关内容的学习和从不同渠道获取的知识，来完成任务，进而激发学生学习兴趣，使学生在完成任务的过程中，既能掌握化学实验基础知识和基本技能，又能提高动手能力，达到培养目标。

全书按照任务描述、任务分析、相关知识、问题讨论等项目化课程体例格式编写，表现形式多样化，做到了图文并茂、直观易读。同时为适应新媒体要求，采用二维码技术，利用视频和动画展现操作技能上的重点和难点，增强了教材的直观性，为学生学习基本操作提供了方便。

本书由辽宁石化职业技术学院马超主编，辽宁石化职业技术学院顾婉娜、张静波参与编写和资源制作，辽宁石化职业技术学院牛永鑫主审。在编写过程中，还得到了辽宁石化职业技术学院张立新、王宝仁、杨连成、张跃东、符荣的大力支持，在此一并表示感谢。

由于编者水平有限，书中难免存在不妥之处，敬请广大读者批评指正。

编者

2018 年 1 月

目 录

情境三　化学实验操作　　　**51**

附　录　109

参考文献　124

情境一

认识化学实验

任务一　了解实验室规则及安全环保常识

【任务描述】 <<<←

　　走进化学实验室，观察实验室环境和物品摆放，找到水、电总开关和灭火器，通过阅读相关制度和知识，了解实验室规则、安全守则、意外事故处理办法、急救方法和实验室废弃物的处理，保证实验过程中的人身安全，防止污染环境。

【相关知识】 <<<←

　　化学实验是在较为特殊的环境中进行的科学实验。其主要任务是通过实验操作训练加深对化学基本理论知识的理解，提高实际动手能力，培养理论联系实际的工作作风及实事求是的科学态度，为后续专业课程的学习以及将来从事化工生产操作打下良好的基础。

　　由于化学实验的环境十分复杂，实验中往往会使用一些易燃、易爆、有腐蚀性以及有毒的化学试剂，容易造成人身伤害、财产损失及环境污染。为确保实验顺利进行，每名实验者必须熟悉并且遵守实验室规则、安全守则，并能够对偶然发生的意外事故采取必要的应急措施，同时还能对实验废弃物进行妥善的处理。

一、化学实验室规则

　　① 实验前要认真预习，明确实验目的及要求，了解实验内容、原理、方法、步骤和有关注意事项，并做好预习笔记。

　　② 进入实验室要遵守纪律，保持肃静和良好的秩序，必须穿上实验服，不得穿拖鞋；实验开始前，要先检查实验药品、仪器是否齐全，未经老师同意不准动用他人的仪器。

　　③ 实验过程中，要正确操作，仔细观察，如实记录；要爱护仪器（损坏仪器，要报告指导教师，及时补领），要节约药品、水、电和燃料；不得擅自离开岗位。

　　④ 随时保持实验台整洁。取用药品后要把试剂瓶放回原处；废物、废液要倒入指定处，不能乱丢或乱倒。

　　⑤ 实验结束，要洗净仪器，整理好实验用品和实验台面。值日生负责清点公共药品和

仪器，打扫实验室卫生，清理实验废物，检查水、电、煤气开关，关好门窗。经老师允许后，方可离开实验室。

⑥ 实验室的一切物品（仪器、药品、产物等）不得带离实验室。

二、化学实验安全守则

① 实验开始前，必须了解实验室中水、电、煤气的总闸、消防器材、急救箱的位置，熟悉各种安全用具（如灭火器、急救箱等）的用法。万一发生意外事故要随时关闭总闸，采取必要的救护措施。

② 不要用湿的手或物体接触电器，严防触电。水、电和煤气使用完毕要立即关闭，用过的酒精灯、火柴立即熄灭。

③ 实验室内严禁饮食和存放饮食用具。实验药品严禁入口。实验完毕，必须把手洗净。

④ 严禁做未经老师允许的实验，或随意将药品混合，以免发生意外。

⑤ 一切易燃易爆物质的操作应该远离火源。

⑥ 能产生刺激性、有毒或有恶臭气味（如 H_2S、HF、Cl_2、CO、NO_2、Br_2 等）的实验，应在通风橱内或通风口处进行。

⑦ 不要把鼻孔凑近容器口去闻药品的气味，应用手轻拂气体，扇向鼻。

⑧ 浓酸或浓碱具有腐蚀性，使用时防止溅在眼睛、皮肤和衣服上。稀释浓硫酸时，应将其沿玻璃棒慢慢倒入水中，并不断搅拌，切勿将水倒入硫酸中，以免因局部过热而迸溅，引起灼伤。

⑨ 加热试管时，管口不要对人；加热液体、倾注试剂或开启浓氨水等试剂瓶时，不要俯视容器，以防液体溅出伤人。

⑩ 使用煤气、高压气瓶、电器设备、精密仪器时，要熟悉使用说明，严格按要求操作。

三、意外事故的处理

① 玻璃割伤。先挑出伤口中的玻璃碎片，并用3.5%的碘酒（或紫药水）消毒，再用纱布包扎，若伤口较大，应立即去医院医治。

② 烫伤。用 1% $KMnO_4$ 溶液擦洗或涂上烫伤膏、万花油等，切勿用水冲洗。

③ 碱蚀。立即用大量的水冲洗，再依次用 2% 的乙酸溶液（或 1% H_3BO_3 溶液）冲洗、水冲洗，最后涂上医用凡士林。若溅入眼内，立即用大量细水流冲洗（持续 15min），再送医院治疗。

④ 酸蚀。应迅速用抹布擦掉，再用大量水冲洗，然后用 3%～5% $NaHCO_3$ 溶液（或稀氨水、肥皂水）冲洗，再用水冲洗。若溅入眼内，先用大量水冲洗，再送医院治疗。

⑤ 溴蚀。先用甘油擦洗，再用水冲洗。

⑥ 苯酚蚀。先用大量水冲洗，再用 70% 的乙醇与 0.4mol/L $FeCl_3$ 混合物清洗。

⑦ 白磷灼伤。用 1% $AgNO_3$ 溶液、5% $CuSO_4$ 溶液或浓高锰酸钾溶液洗净，然后包扎。

⑧ 吸入刺激性或有毒气体。吸入 Cl_2、HCl 时，可立即吸入少量酒精和乙醚的混合蒸气，若吸入 H_2S 而感到不适时，应立即到室外呼吸新鲜空气。

⑨ 毒物误入口内。将 5～10mL 稀硫酸铜溶液加入一杯温水中，内服后，用手指伸入咽喉部催吐，然后立即送医院。

⑩ 触电。立即切断电源，必要时进行人工呼吸。

⑪ 起火。既要灭火，又要防止蔓延（如切断电源、关闭煤气、移走易燃品等）。烧杯、蒸发皿或其他容器中着火，要立即用沙袋或玻璃板、石棉布、金属板等覆盖灭火。一般小火

用沙子、石棉布覆盖，即可灭火。

火势较大时，应根据燃烧物质的性质，采取有针对性的灭火措施。

A 类物质（木材、纸张、棉布等）着火，用水扑灭，既有效，又方便。

B 类物质（可燃性液体）着火。可用泡沫灭火器［药品：$NaHCO_3$、$Al_2(SO_4)_3$］、二氧化碳灭火器、四氯化碳灭火器、干粉灭火器（主要成分：$NaHCO_3$）、1211 灭火器（药品：CF_2ClBr）等灭火，切忌用水灭火。

C 类物质（可燃烧气体）着火，可用 1211 灭火器、干粉灭火器、泡沫灭火器等灭火。

D 类物质（K、Na、Ca、Mg、Al 等金属）着火，可用干粉灭火器灭火，绝不能用水灭火。

此外，CS_2 失火，不能用四氯化碳灭火，否则会产生光气一类的毒气。电器着火，可用二氧化碳灭火器、四氯化碳灭火器、干粉灭火器灭火，不能用水或泡沫灭火器，以免触电；实验者衣服着火时，不可惊慌奔跑，否则着火面会扩大，应尽快脱下衣服，或就地滚动，同时用水冲淋，使火熄灭。火情很大时，应立即报火警。

四、急救用具

① 消防器材：泡沫灭火器，四氯化碳灭火器，二氧化碳灭火器，石棉布，黄沙等。

② 急救箱：红药水，3.5% 碘酒，紫药水，3% $NaHCO_3$，1% H_3BO_3 溶液，2% 乙酸溶液，5% $NH_3 \cdot H_2O$，5% $CuSO_4$ 溶液，$KMnO_4$ 晶体（需要时再制成溶液），$FeCl_3$ 溶液（止血剂），甘油，凡士林，烫伤膏，消炎粉，消毒纱布，消毒棉，棉花签，绷带，氧化锌橡皮膏，镊子，剪刀等。

五、化学实验室废弃物的处理

化学实验室的"三废"（废气、废水和废渣）种类繁多，如果将实验过程中产生的有毒气体或废水直接排放到空气中或下水道，很容易对环境造成污染。因此，对实验过程中产生的有毒有害物质必须进行严格的处理。

1. 废气的处理

实验室废气具有量少、多变的特点，处理时应满足两点要求：一是保持实验环境的有害气体不超过规定的最高容许浓度；二是不使周围居民区大气中有害物质超过最高容许浓度。

实验室排出的少量有害气体，容许直接放空稀释，但放空管应高于附近房顶 3m。大量或毒性较大的废气应通过化学处理后再排空，如 CO、NO_2、SO_2、Cl_2、H_2S、HF 等废气应先用碱溶液（如 NaOH、$NH_3 \cdot H_2O$、Na_2CO_3、消石灰等）吸收；NH_3 用酸吸收；CO 可先点燃转变为 CO_2 等。还可参照工业废气的处理方法，用吸附、吸收、冷凝、燃烧等方法处理。

2. 废水的处理

实验室中的废水主要来自于实验过程中产生的废液，对污染环境的废液必须先转化为无害物后再排弃。例如，氰化物可用 $Na_2S_2O_3$ 溶液处理使其转化为毒性较低的硫氰酸盐，也可加入 $FeSO_4$ 使 CN^- 形成配合物或在碱性介质中加入 $KMnO_4$、NaClO 等使 CN^- 氧化分解去毒；含硫、磷的有机剧毒农药可用 CaO 和碱液处理，使其分解；酸碱废物应先中和再排放；硫酸二甲酯先用氨水继而用漂白粉处理；苯胺可用盐酸或硫酸处理；汞用硫黄处理成无毒的 HgS；废铬酸洗液可用 $KMnO_4$ 再生或加入碱或石灰使其生成 $Cr(OH)_3$ 沉淀，再埋入地下；含汞盐或其他重金属离子的废液，加入 Na_2S、石灰等使其转化为难溶的硫化物、

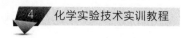
氢氧化物等，将其埋入地下。

3. 废渣的处理

实验过程中对废渣处理主要采用掩埋法。如果是有毒的废渣必须先进行化学处理后深埋在远离居民区的指定地点。

六、化学实验绿色化

绿色化学也称为环境友好化学，它的提出源于化学工业的飞速发展给人类健康和生存环境带来的各种危害，已成为当今化学学科研究的热点和前沿。绿色化学主张从源头消除污染，不使用有毒、有害物质，不生产有毒物质，不形成污染废弃物。在化学实验中，虽然每次实验排放的污染物量很小，但由于所用的化学试剂种类繁多，化学实验过程繁琐，造成排放的废弃物成分复杂，累积的污染也就不容忽视。

提倡绿色化学实验，应力求做到以下几点。

1. 采用无毒无害的实验原料、催化剂及溶剂

化学实验应尽可能地选用一些无毒无害的实验原料，以避免污染物的产生。例如，在任务七训练学生水蒸气蒸馏操作技能时，将传统原料乙酰苯胺用八角茴香替代，既避免了乙酰苯胺的毒性，又增强了实验内容的实用意义。又如，实验中许多液体酸性催化剂盐酸、硫酸等，不仅腐蚀设备、污染环境，对人体也会造成伤害，近年来，新开发的固体酸催化剂替代液体酸性催化剂，取得了较好的效果。

2. 减少实验中化学试剂的用量

随着全社会经济意识和环保意识的不断提高，人们开始对科学探索的重要手段——实验进行更多与之相关的经济与环保问题的思考，希望能寻求到一种既能节约实验花费、降低环境污染，又不影响实验结果的实验技术和方法。在这样的背景下，一种新颖的实验技术与方法——微型实验应运而生。微型化学实验由于简化了实验装置和实验操作，将其用在教学或科研上，比起常规实验更加简单易行、安全可靠。微型实验药品用量少、废液（量）产出低，对环境污染小，不仅具有良好的经济效益，还体现出"绿色化学"和"环境友好化学"的精神，充分满足了人们在经济与环保方面的期望，正受到越来越多的关注和重视。

3. 回收利用实验中间物及产品

在化学实验中，使用的许多溶剂都可以进行回收，及时回收、重复利用，不仅可防止对环境的污染，还可降低消耗、节约资金。例如，在拓展任务二从茶叶中提取咖啡因实验中所用的溶剂乙醇，经过蒸馏后可回收循环使用。

4. 严格执行废弃物的处理办法

对于实验中产生的污染性废弃物，不论污染性的强弱，都要严格按照化学实验室废弃物的处理办法分类进行处理，绝不允许随意排放到下水道或生活垃圾中。

【问题讨论】 ‹‹←——

1. 实验室规则有哪些？

2. 稀释浓硫酸时应如何操作？若不慎将浓硫酸溅到手上，应如何处理？

3. 不慎将酒精灯中的酒精洒出着火，应怎样扑灭？

4. 废液缸中的废液能否直接倒入水槽中？应怎样处理？

任务二 认识化学实验器皿和化学试剂

【任务描述】 ‹‹‹←

认领实验用仪器，了解实验仪器的规格、用途和使用注意事项；取出一定量的液体试剂和固体试剂，并对化学试剂进行分类保管。

【相关知识】 ‹‹‹←

化学实验常用的仪器、器皿、用具有很多，掌握仪器的用途、规格及使用注意事项，是正确、迅速、有效地完成实验工作的必备基础。这里仅介绍常用的玻璃仪器及其他常见的器皿和用具。成台（套）的仪器设备将在有关实验中单独说明。

一、常用玻璃仪器和其他器具

实验室常用玻璃仪器按用途可分为计量、反应、分离、容器、干燥、固定夹持、配套等多种类型，具体规格、用途和使用注意事项如下。

M1-1 计量类仪器

1. 计量类仪器

计量类仪器是用来测量某种特定性质的仪器，如量筒（杯）、吸（量）管、容量瓶、滴定管等。常用计量类仪器的名称、图示、主要用途及使用注意事项见表 1-1。计量类仪器视频通过扫描二维码 M1-1 观看。

表 1-1 常用计量类仪器

仪器图示	规格及表示方法	主要用途	使用注意事项
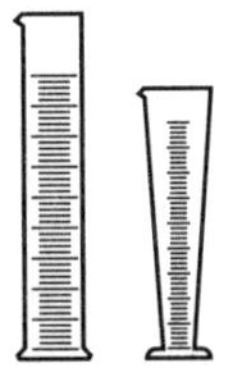 量筒和量杯	量杯上口大、下部小；分具塞和无塞；规格以所能量度的最大容积（mL）表示	量取一定体积的液体	①不能加热 ②不能作反应容器，也不能用作混合液体或稀释的容器 ③不能量取热的液体 ④量度亲水溶液的浸润液体，视线与液面水平，读取与弯月面最低点相切刻度
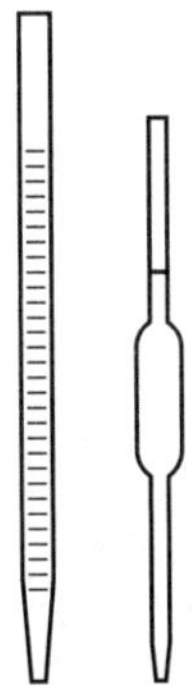 吸管	移液管是一根细长而中间膨大的玻璃管，上端只有一个环形标线，是单一量度量器，规格以刻线所示的容积（mL）表示 吸量管的全称是"分度吸量管"，又称为刻度移液管，是带有分度线的量出式玻璃量器，用于移取非固定量的溶液	准确量取一定体积的液体或溶液	①用后立即洗净 ②具有准确刻度线的量器不能放在烘箱中烘干，更不能用火加热蒸干 ③读数方法同量筒

续表

仪器图示	规格及表示方法	主要用途	使用注意事项
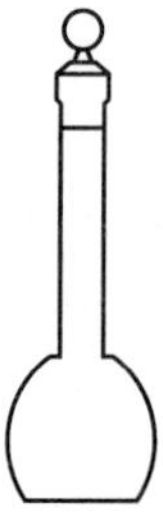 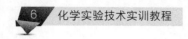 容量瓶	容量瓶是一种带有磨口玻璃塞或塑料塞的细长颈、梨形的平底玻璃瓶,颈上有一个单一刻度线。规格以刻线所示的容积(mL)表示	用于配制准确浓度的溶液	①能进行溶质的溶解 ②配置溶液的总量不能超过容量瓶的标线 ③容量瓶不能进行加热 ④容量瓶不能长时间或长期储存溶液
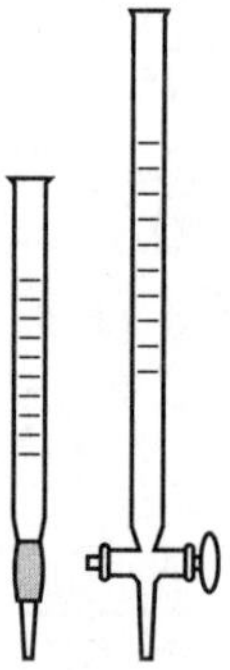 滴定管	滴定管是细长管状的精密玻璃量器,属于量出式量器。具有玻璃活塞的为酸式滴定管,具有橡胶滴头的为碱式滴定管;用聚四氟乙烯制成的则无酸碱式之分;规格以刻度线所示最大容积(mL)表示	用于准确测量液体或溶液的体积	①滴定管下端不能有气泡 ②酸式滴定管不得装碱性溶液 ③碱式滴定管不宜装对橡胶管有腐蚀性或酸性的溶液 ④滴定管用后应立即洗净
 比色管	比色管是有磨口塞有刻度线的一组相同容积的玻璃管,规格以环线刻度指示容量(mL)表示	用于通过比较相同体积溶液颜色的深浅,来判断待测溶液的浓度	①比色时必须选用质量、口径、厚薄、形状完全相同的比色管 ②不能用毛刷擦洗,不能加热 ③比色时最好放在白色背景的平面上

2. 反应类仪器

反应类仪器是用来进行化学反应的仪器,如试管、烧杯、锥形瓶、烧瓶(多口瓶)、蒸发皿等。常用反应类仪器的名称、图示、主要用途及使用注意事项见表1-2。反应类仪器视频通过扫描二维码 M1-2 观看。

M1-2 反应类仪器

表 1-2 常用反应类仪器

仪器图示	规格及表示方法	主要用途	使用注意事项
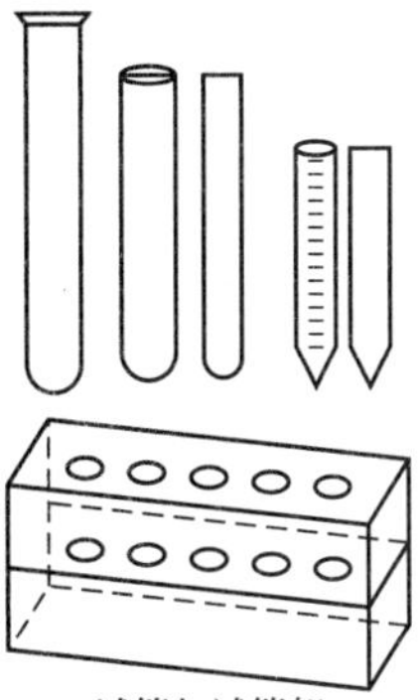 试管与试管架	试管有硬质、软质试管;普通试管和离心试管之分 普通试管有平口、翻口;有刻度、无刻度;有支管、无支管;具塞、无塞等几种(离心试管也有有刻度和无刻度的) 无刻度试管以直径×长度(mm)表示其大小规格。有刻度的试管规格以容积(mL)表示	普通试管用作少量试剂的反应容器,便于操作和观察,还可用于收集少量气体;离心试管用于沉淀分离;试管架用于承放试管	①普通试管可直接用火加热,硬质的可加热至高温,但不能骤冷 ②离心试管不能用火直接加热,只能用水浴加热 ③反应液体不超过容积的1/2,加热液体不超过容积的1/3 ④加热前试管外壁要擦干,要用试管夹。加热时管口不要对人,要不断振荡,使试管下部受热均匀 ⑤加热液体时,试管口向上倾斜45°,加热固体时管口向下倾斜
 烧杯	烧杯呈圆柱形,顶部的一侧开有一个槽口,便于倾倒液体;通常由玻璃、塑料或者耐热玻璃制成;规格以容积(mL)表示	用于反应物量较多的反应容器;配制溶液和溶解固体等。还可作简易水浴容器	①加热时先将外壁水擦干,放在石棉网上 ②反应液体不超过容积的2/3,加热时为1/3~1/2 ③不可长期盛放化学药品,以免落入尘土和使溶液中的水分蒸发
 锥形瓶 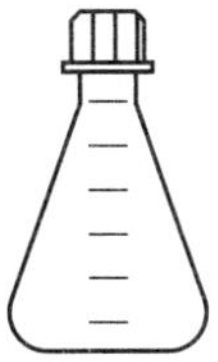　具塞三角瓶	锥形瓶是由硬质玻璃制成的纵剖面呈三角形状的反应器;口小、底大;有具塞、无塞等种类;规格以容积(mL)表示	用作反应容器,可避免液体大量蒸发;用于滴定用的容器,方便振荡	①滴定时所盛溶液不超过容积的1/3 ②其他同烧杯
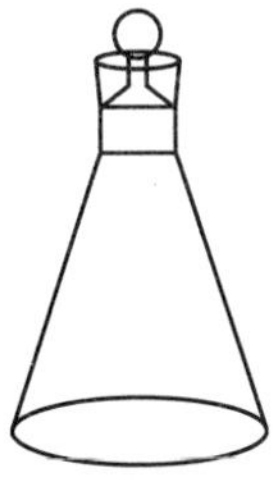 碘量瓶	碘量瓶是在锥形瓶口上使用磨口塞子,并且加一水封槽。用于碘量分析,盖塞子后以水封瓶口;规格以容积(mL)表示	与锥形瓶相同,可用于防止液体挥发和固体升华的实验	同锥形瓶

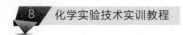

续表

仪器图示	规格及表示方法	主要用途	使用注意事项
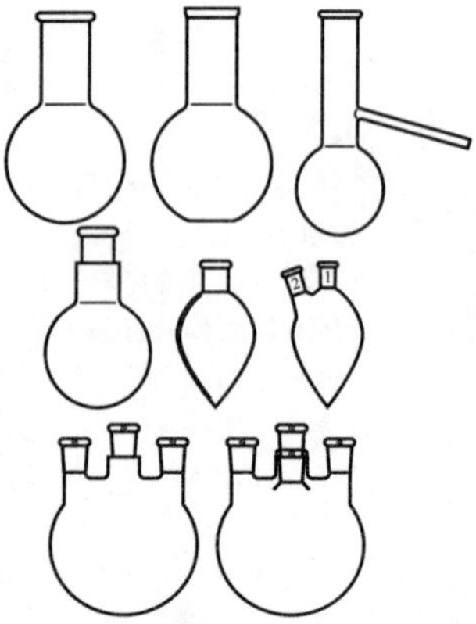 烧瓶	烧瓶是一种有颈玻璃器皿,用来盛液体物质,按外观不同可分平底烧瓶和圆底烧瓶两种。有长颈、短颈;细口、磨口;圆形、茄形、梨形;二口、三口、四口等不同形式。规格以容积(mL)表示	在常温和加热条件下作反应容器。平底烧瓶用在室温下的反应;圆底烧瓶用在较高温的反应;多口的烧瓶可装配温度计、搅拌器、加料管等	①盛放的反应物料或液体为容积的1/3~2/3为宜 ②加热时要固定在铁架台上,预先将外壁擦干,下垫石棉网 ③圆底烧瓶放在桌面上,下面要有木环或石棉环,以免翻滚损坏
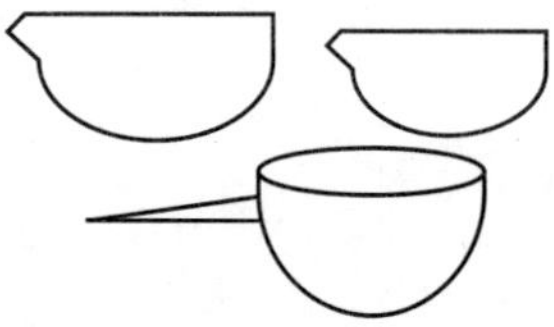 蒸发皿	蒸发皿口大底浅,有圆底、平底带柄的两种。规格以上口直径表示,有60~150mm等多种。材质最常用的是瓷制,也有玻璃、石英、铂等制成的	用于蒸发浓缩溶液或灼烧固体	①能耐高温,但不宜骤冷 ②一般放在铁环上直接用火加热,但要预热后再提高加热强度 ③加热时,应先用小火预热,再用大火加强热 ④所盛溶液不超过容积的2/3
 坩埚	坩埚是一深底的碗状容器,有瓷、石墨、铁、镍、铂等材质。以容积(mL)表示大小	用于熔融和灼烧固体	①根据灼烧物质的性质选用不同材质的坩埚 ②耐高温,可直接用火加热,但不宜骤冷 ③加热后,应用坩埚钳取出,以防烫伤
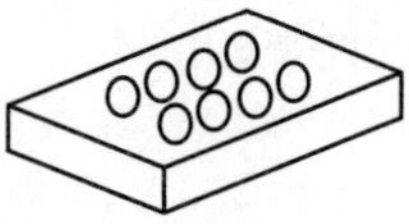 点滴板	点滴板是上釉瓷板,分黑、白两种	用于点滴反应	
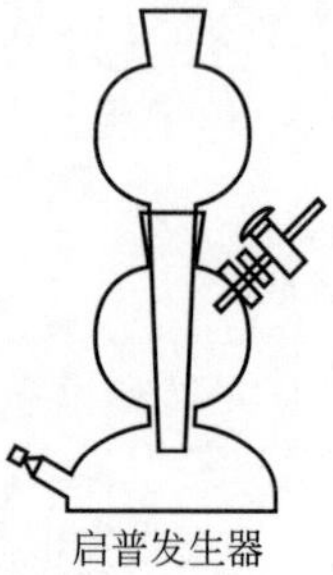 启普发生器	启普发生器又称启氏气体发生器或氢气发生器,用普通玻璃制成,由球形漏斗、容器和导气管三部分组成	用于常温下固体与液体反应制取气体	①不能用来加热或加入热的液体 ②使用前必须检查气密性

3. 分离类仪器

分离类仪器是用于过滤、分馏、蒸发、结晶等物质分离提纯的仪器，如蒸馏瓶、分液漏斗、布氏漏斗、普通漏斗等。常用分离类仪器的名称、图示、主要用途及使用注意事项见表1-3。分离类仪器视频通过扫描二维码 M1-3 观看。

M1-3 分离类仪器

表 1-3 常用分离类仪器

仪器图示	规格及表示方法	主要用途	使用注意事项
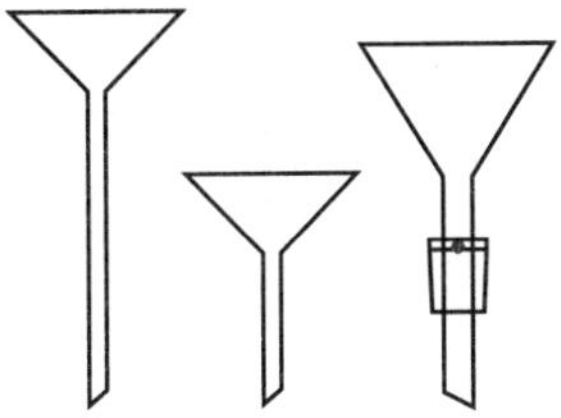 漏斗	漏斗是一个筒形物体，被用作把液体及粉状物体注入入口较细小的容器。有短颈、长颈、粗颈等种类，规格以斗径(mm)表示	用于过滤；粗颈漏斗可用来转移固体试剂；长颈漏斗常用于装配气体发生器，作加液用	①不能用火加热，过滤的液体也不能太热 ②过滤时漏斗颈尖端要紧贴承接容器的内壁 ③长颈漏斗在气体发生器中作加液用时，颈尖端应插入液面之下
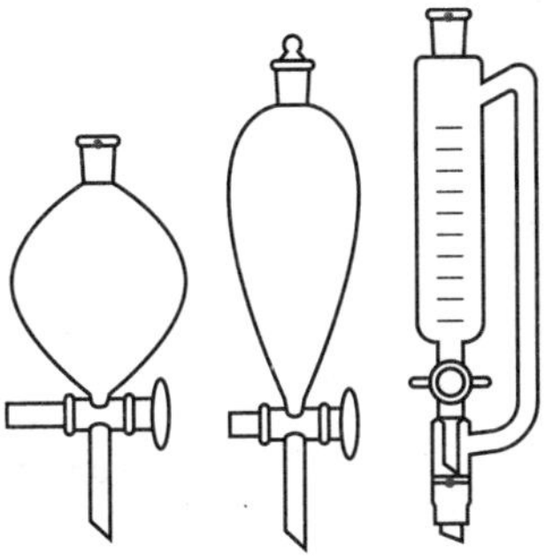 分液、滴液漏斗	分液漏斗是用普通玻璃制成，有球形、梨形和筒形等多种式样，规格有 50mL、100mL、150mL、250mL 等。分液漏斗包括斗体，盖在斗体上口的斗盖，斗体的下口安装一旋塞	球形漏斗颈较长，作反应器的加液装置；梨形分液漏斗颈较短，常用作互不相溶的液-液分离；滴液漏斗用于定速滴加液体试剂	①不能用火直接加热 ②漏斗活塞不能互换 ③加入液体量不能超过容积的 3/4，且不宜装碱性液体 ④用后要洗涤干净，长时间不用要在塞芯与塞槽之间放一纸条，并用一橡皮筋套住活塞，以防磨砂处粘连
 布氏漏斗吸滤瓶	布氏漏斗形状为扁圆筒状，圆筒底面上开了很多小孔。下连一个狭长的筒状出口。为瓷制或玻璃制品，规格以直径(cm)表示 吸滤瓶以容积(mL)表示大小	用于减压过滤	①漏斗和吸滤瓶大小要配套，滤纸直径要略小于漏斗内径 ②过滤前，先抽气 ③结束时，先断开抽气管与滤瓶连接处再停抽气，以防止液体倒吸
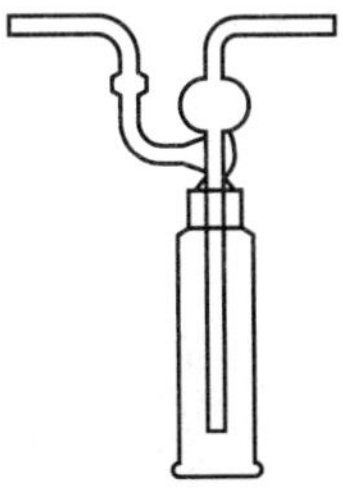 洗气瓶	洗气瓶是洗涤和干燥气体用的玻璃瓶，规格以容积(mL)表示	用于洗去气体中的杂质	①根据气体性质选择洗涤剂 ②洗涤剂约为容积的 1/2 ③进气管和出气管不能接反

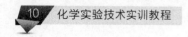
续表

仪器图示	规格及表示方法	主要用途	使用注意事项
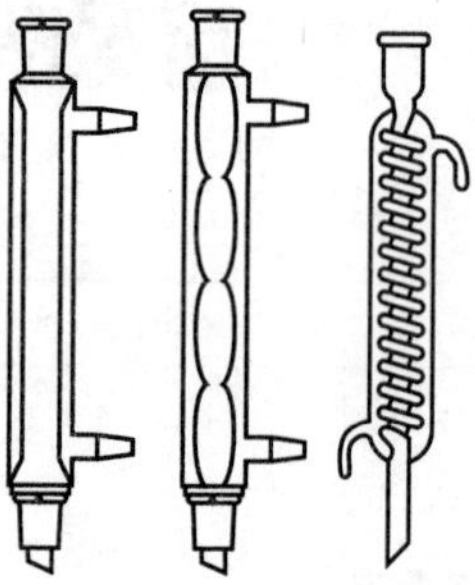 冷凝管	冷凝管由一里一外两条玻璃管组成,其中较小的玻璃管贯穿较大的玻璃管。有直形、球形、蛇形、空气冷凝管等种类,大小以外套管长(cm)表示	用于蒸馏中作冷凝或回流装置	①装配仪器时,先装冷却水胶管,再装仪器②下支管进水、上支管出水,开始进水须缓慢,水流不能太大③蒸汽的温度大于140℃,用空气冷凝管;温度小于140℃,用直形冷凝管
 水分离器	水分离器是利用水和酯能共沸但不互溶,且水的密度较大,冷凝后水层下沉,而使水分出的一种玻璃仪器,多为磨口玻璃制品	用于酯化反应中移出反应中生成的水	①使用前,要检查磨口旋塞是否漏液②实验前,水分离器内加水至支管后放去0.5mL水③实验中,控制水分器中油、水界面,防止产生的水流回反应器

4. 容器类仪器

容器类仪器是盛装药品、试剂的器皿,如试剂瓶、滴瓶、培养皿等。常用容器类仪器的名称、图示、主要用途及使用注意事项见表1-4。容器类仪器视频通过扫描二维码 M1-4 观看。

M1-4　容器类仪器

表1-4　常用容器类仪器

仪器图示	规格及表示方法	主要用途	使用注意事项
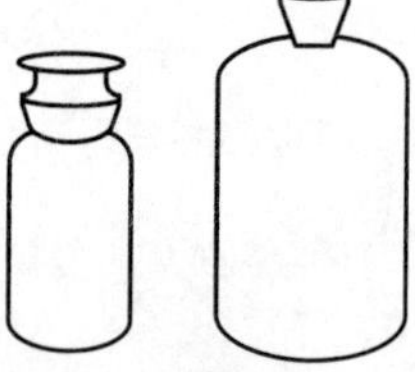 试剂瓶	试剂瓶是盛装试剂的玻璃瓶或塑料瓶。有广口、细口;磨口、无磨口等多种	广口瓶盛放固体试剂;细口瓶盛放液体试剂或溶液;棕色瓶用于盛放避光的试剂	①不能加热②盛碱溶液要用胶塞或软木塞③使用中不要弄乱、弄脏塞子④试剂瓶上必须保持标签完好⑤倾倒液体试剂时标签要对着手心

续表

仪器图示	规格及表示方法	主要用途	使用注意事项
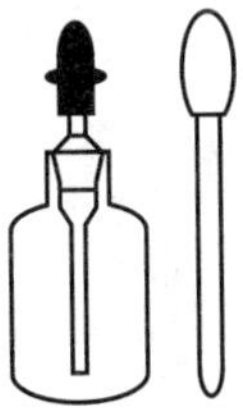 滴瓶、滴管	滴瓶是瓶口带有磨口滴管的试剂瓶,瓶口内侧磨砂,与细口瓶类似,瓶盖部分用滴管取代。滴管是由橡胶乳头和尖嘴玻璃管构成的	滴瓶用来装使用量很小的液体;滴管用于吸取或滴加少量试剂	①滴瓶上的滴管与滴瓶要配套使用 ②滴瓶不可长时间盛放强碱(玻璃塞),不可久置强氧化剂 ③滴管使用时,不要只用拇指和食指捏着,要用中指和无名指夹住 ④滴加时,滴管要保持垂直于容器正上方,避免倾斜,切忌倒立,不可伸入容器内部,不可触碰到容器壁
 称量瓶	称量瓶是带有磨口塞的圆柱形玻璃瓶。瓶的规格以直径×瓶高(mm)表示,分为扁形、高形两种外形。根据材质不同有普通玻璃称量瓶和石英玻璃称量瓶	用于称量一定量的固体	①不能加热 ②盖子是磨口配套的,不能互换 ③使用前应洗净烘干,不用时应洗净,在磨口处垫一小纸,以方便打开盖子
 洗瓶	洗瓶是用以喷注细股水流达到冲洗试剂、沉淀以及洗涤器皿的一种盛水容器。有玻璃和塑料的两种,大小以容积(mL)表示	用于清洗仪器、设备等	①使用前,检查是否漏水 ②塑料洗瓶只能用于清洗,不能储存溶液 ③使用玻璃洗瓶时,在检查气密性后,打开塞子加满蒸馏水 ④洗瓶多在常温使用,若需热水洗涤,温度不应太高

5. 干燥类仪器

干燥类仪器是用于干燥固体、气体的器皿,如干燥塔、干燥器、干燥管等。常用干燥类仪器的名称、图示、主要用途及使用注意事项见表 1-5。干燥类仪器视频通过扫描二维码 M1-5 观看。

M1-5 干燥类仪器

表 1-5　常用干燥类仪器

仪器图示	规格及表示方法	主要用途	使用注意事项
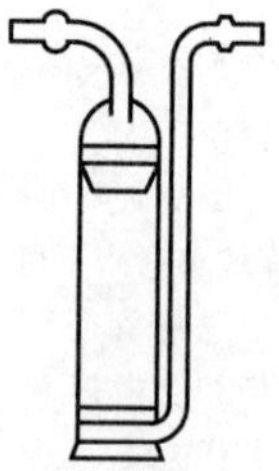 干燥塔	干燥塔是一个底平而大、腰细、圆筒形的玻璃塔,塔的上端有一只磨砂玻璃塞,玻璃塞上有一孔眼与支管孔对正,用以气体进出的开关	用于净化和干燥气体	①塔体上室底部放少许玻璃棉,上面放固体干燥剂 ②下口进气,上口出气 ③可同时使用两只或三只连接起来放入不同的干燥剂,进行多次干燥
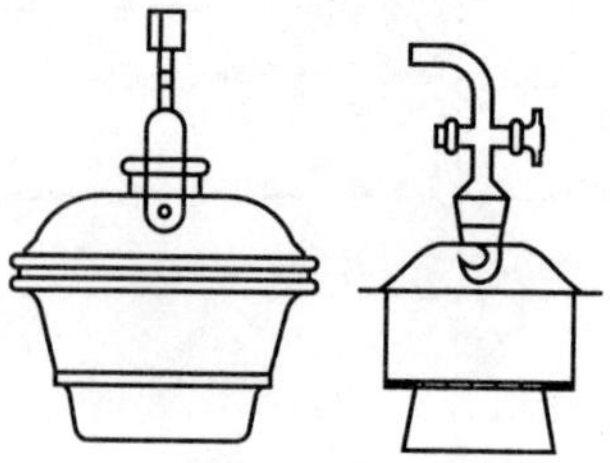 干燥器、真空干燥器	干燥器是一个磨口边的盖子,器内的底部放有干燥剂,干燥剂的上面放一个带孔的圆形瓷盘。分普通、真空干燥器两种	用来存放需干燥或保持干燥的物品	①放入干燥器的物品温度不能过高 ②干燥剂要及时更换 ③使用中要注意防止盖子滑动打碎 ④真空干燥器接真空系统抽去空气,干燥效果更好
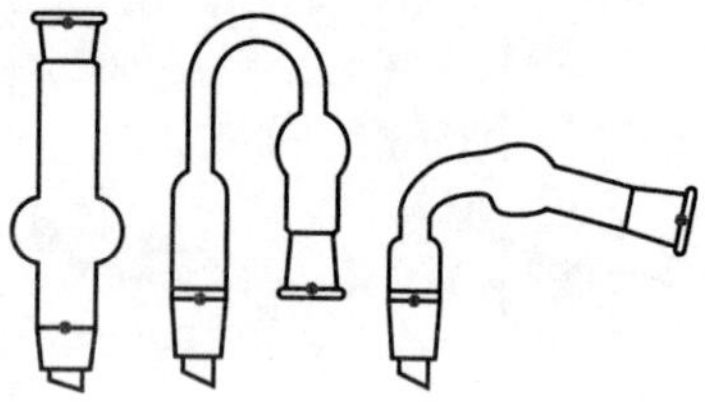 干燥管	干燥管通常两端有连接口用于连接导管,中间盛有固体干燥剂或除杂剂。有直形、弯形、U 形等形状	用于干燥气体或除去气体中的杂质	①干燥管中球里面只能装固体,不能装液体 ②气体从大口进小口出,小口前面要放棉花团,防止干燥剂颗粒随气体排出 ③干燥管可单只使用,也可两只或多只串联使用

6. 固定夹持类器具

固定夹持类器具是固定、夹持各种仪器的器具,如各种夹子、铁架台、漏斗架等。常用固定夹持类器具的名称、图示、主要用途及使用注意事项见表 1-6。固定夹持类器具视频通过扫描二维码 M1-6 观看。

M1-6　固定夹持类器具

表 1-6　常用固定夹持类器具

仪器图示	规格及表示方法	主要用途	使用注意事项
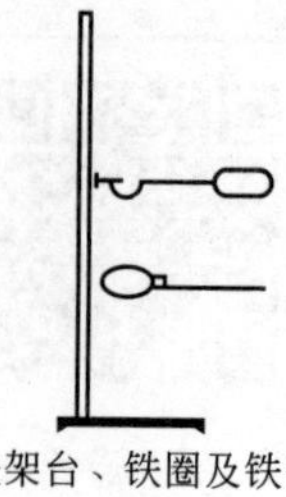 铁架台、铁圈及铁夹	铁架台一般分为铁环(俗称铁圈)和铁夹两部分。铁夹又称自由夹,有十字夹、双钳、三钳、四钳等类型	用于固定和支持各种仪器	①使用时,要注意顺序是"由下至上" ②铁架台使用时要放在水平的桌面上,铁夹要夹稳 ③酸碱试剂滴到铁架台上时要立刻用水冲洗 ④不适宜加热的仪器切忌放于铁环上直接加热

仪器图示	规格及表示方法	主要用途	使用注意事项
 三角架	三脚架属于铁制品,有大、小、高、低之分	用于放置加热器	①必须受热均匀的受热器需先垫上石棉网②保持平稳
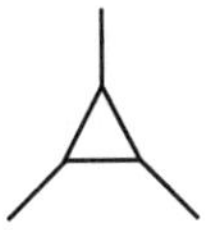 泥三角	泥三角是由铁丝编成上套耐热瓷管,有大小之分	用于坩埚或小蒸发皿直接加热的承放	①灼烧后不要滴上冷水,保护瓷管②选择泥三角的大小要使放在上面的坩埚露在上面的部分不超过本身高度的1/3
 坩埚钳	坩埚钳一般由不锈钢或不可燃、难氧化的硬质材料制成	用于夹持坩埚加热或从热源中取、放	①必须将钳尖先预热,以免坩埚因局部冷却而破裂②夹持坩埚使用弯曲部分,其他用途时用尖头
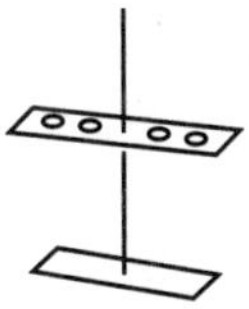 漏斗架	漏斗架一般为木制,由螺丝可调节固定上板的位置	用于放置漏斗	①过滤时上面承放漏斗,下面放置滤液承接容器②要保持漏斗架的清洁
 试管夹	试管夹用木、钢丝制成	用于夹持试管加热	①夹在试管上部②手持夹子不要把拇指按在管夹的活动部位③要从试管底部套上或取下
 夹子	夹子有铁、铜制品,常用的有弹簧夹和螺旋夹两种	用于夹在胶管上连通、关闭流体通路,或控制调节流量	①避免长时间夹持,防止胶管黏附②使用后,应清洗干净,干燥放置,避免生锈

7. 配套类仪器

配套类仪器是组装仪器时用来连接的器具，如各种塞子、磨口接头、蒸馏头、接收管、玻璃管、T形管等。常用配套类仪器的名称、图示、主要用途及使用注意事项见表1-7。配套类仪器视频通过扫描二维码 M1-7 观看。

M1-7　配套类仪器

表 1-7　常用配套类仪器

仪器图示	规格及表示方法	主要用途	使用注意事项
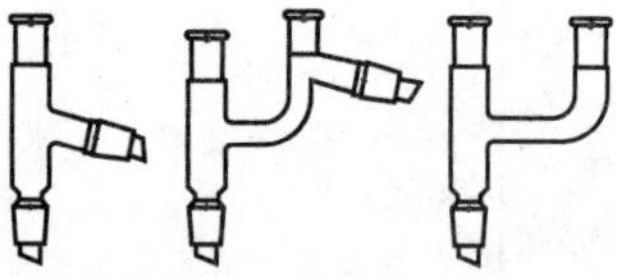 蒸馏头	蒸馏头是标准磨口玻璃仪器，有玻璃弯头、具支管蒸馏头及减压蒸馏头（克氏蒸馏头）等几种形式	用于有机合成中连接烧瓶与蒸馏管	①使用前应对磨口涂凡士林 ②安装时，要对准连接磨口，以免受歪斜应力而损坏 ③用后立即洗净，注意不要使磨口连接黏结而无法拆开
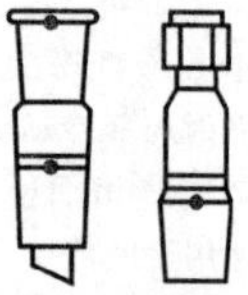 接头和塞子	接头、塞子都是标准磨口玻璃仪器，接头有多种形式	用于连接不同规格的磨口和用作塞子	同蒸馏头
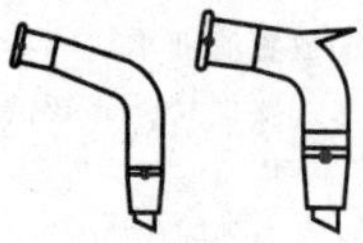 接收管	接收管是标准口玻璃仪器，有磨口、非磨口之分，有多种形式	用来承接蒸馏出来的冷凝液体	同蒸馏头

8. 其他仪器和器具

其他常用仪器和器具的名称、图示、主要用途及使用注意事项见表1-8。其他常用仪器和器具视频通过扫描二维码 M1-8 观看。

M1-8　其他常用
仪器和器具

表 1-8　其他常用仪器和器具

仪器图示	规格及表示方法	主要用途	使用注意事项
 石棉网	石棉网是由两片铁丝网夹着一张石棉水浸泡后晾干的棉布做成的,有大、小之分	用于承放受热容器使加热均匀	①不要浸水或扭拉,损坏石棉 ②石棉致癌,已逐渐用高温陶瓷代替
 药匙	药匙由骨、塑料、不锈钢等材料制成	用于取固体试剂	①根据实际选用大小合适的药匙,取量很少时用小端 ②用完洗净擦干,才能取另外一种药品
 表面皿	表面皿呈圆形,中间稍凹,边沿磨平、倒角的圆弧形玻璃皿,与蒸发皿相似,有大小之分	用来盖在蒸发皿上或烧杯上,防止液体溅出或落入灰尘。也可用作称取固体药品的容器	①不能用火直接加热 ②作盖用时直径要比容器口直径大些 ③用作称量容器时要事先洗净、干燥
 研钵	研钵是实验中研碎实验材料的容器,配有钵杵。常用的为瓷制品,也有由玻璃、铁、玛瑙、氧化铝等材料制成的研钵,规格用口径的大小表示	用于研磨固体物质或进行粉末状固体的混合	①不能作反应容器,放入物质量不超过容积的1/3 ②根据物质性质选用不同材质的研钵 ③易爆物质只能轻轻压碎,不能研磨 ④研钵不能进行加热 ⑤洗涤研钵时,应先用水冲洗,耐酸腐蚀的研钵可用稀盐酸洗涤

二、化学试剂的等级、取用和保管

化学试剂广义上是指为实现化学反应而使用的化学药品,狭义上指化学分析中为测定物质的组成或组分而使用的纯粹化学药品。

(一) 化学试剂的等级

化学试剂有多种,根据用途可分为通用试剂和专用试剂。

专用试剂大都只有一个级别,如:生化试剂、指示剂、色谱试剂、光谱试剂、基准试剂等。

通用试剂是我国国家标准所规定、根据试剂的纯度划分的试剂，通常可分为四个等级，主要用于检验、鉴定及检测等。通用试剂的纯度级别见表1-9。

表1-9　通用试剂的纯度级别

级别	中文名称	英文标志	标签颜色	主要用途
一级	优级纯	GR	绿色	精密分析
二级	分析纯	AR	红色	一般分析
三级	化学纯	CP	蓝色	一般化学实验
四级	实验试剂	LR	棕黄色	辅助试剂

化学试剂的纯度越高，其价格越贵，因此，应按实验的目的和要求选用合适纯度等级的试剂。本书实验用的化学试剂除特殊说明外，均为化学纯试剂。

（二）化学试剂的取用

化学实验室中，一般将固体试剂装在广口瓶内，液体试剂装在细口瓶或滴瓶中。见光易分解的试剂（如 $AgNO_3$、$KMnO_4$ 等）要用棕色瓶盛装。NaOH（或 KOH）溶液要装在有橡胶塞的玻璃瓶内或塑料瓶内。每个试剂瓶都必须贴上标签，标明试剂名称、等级、质量、含量（或浓度）及主要杂质等。为保持标签完好，可涂上一层石蜡，或贴上透明贴纸。

取用试剂时，应根据用量取用，不能用手接触化学药品。

1. 液体试剂的取用

（1）从滴瓶中取用液体试剂

从滴瓶中取用液体试剂时，先将滴管提离液面，用手指捏紧胶头排出管内空气，然后插入试液中，同时放松手指吸液；再提起滴管，垂直悬空于盛接容器的上方，轻捏逐滴加入（见图1-1）。

应当注意：用滴管取用完液体试剂后，滴管不能平持、斜持或倒持，以防液体试剂流入胶头中，腐蚀胶头或沾污试剂，更不要接触接收器及台面；滴管用完后，应立即把剩余试剂挤回原瓶中，随即放回原处，并且滴管只能专用。

（2）从细口瓶中取液体试剂

从细口瓶中取液体试剂时，通常采用倾注法。先取下细口瓶瓶塞并倒置在实验台上，手握试剂瓶贴标签一面，让试剂沿器壁（如试管、量筒等）或玻璃棒（如烧杯、容量瓶等）缓缓流入容器。取出所需量后，将试剂瓶口在容器或玻璃棒上靠一下，再逐渐竖起，以免试剂流出瓶外。取完试剂，立即盖紧瓶塞，放回原处，并使标签朝外（见图1-2）。从细口瓶中取液体试剂视频通过扫描二维码 M1-9 观看。

M1-9　从细口瓶中
取液体试剂

图1-1　从滴瓶中取用液体

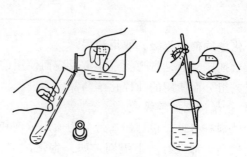

图1-2　从细口瓶中取液体

应当注意：不能悬空向容器内倾倒液体；接触液体侧的瓶塞底部不能直接与实验台接触；多取的试剂，不能倒回原瓶，可倒入指定容器供他人使用。

（3）用量筒量取液体试剂

当实验中对液体试剂的用量不作准确要求时，可用量筒对液体试剂进行粗量。用量筒量取液体试剂时，量筒要放平，视线一定要与量筒内液体凹液面的最低处相切，再读取数据；若为有色不透明的试剂，读数时，视线要与凹液面的上部保持水平（见图1-3）。用量筒量取液体试剂视频通过扫描二维码 M1-10 观看。

M1-10　用量筒量
取液体试剂

2. 固体试剂的取用

固体试剂通常盛放在广口瓶中，取用时要用洁净干燥的药匙。药匙的两端通常为大小各一个匙，取量较少时，用小匙一端，取用较多试剂时，用大匙一端。取完试剂，应立即盖紧瓶塞放回原处。

向试管中加入固体粉末状试剂时，须先将试管放置水平，用药匙或纸槽把试剂送入试管底部（约2/3处），再竖直试管，这样可使试剂全部落入管底部（见图1-4）。

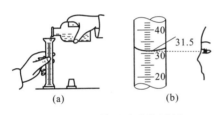

图1-3　用量筒量取液体试剂

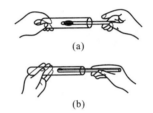

图1-4　向试管中加粉末状试剂

块状固体试剂可用镊子夹取，使其沿倾斜的试管壁缓慢滑下，以免打破试管。

当固体试剂的颗粒比较大时，可在洁净干燥的研钵中研磨成细小的颗粒后再取用。

取用一定质量的固体试剂时，把试剂放在干净的纸上称量。具有腐蚀性或易潮解的固体要放在表面皿或玻璃容器内称量。

应当注意：使用中的药匙，必须保持干燥清洁；多取的药品不可倒回原试剂瓶，可放到指定的容器中另作他用。

（三）化学试剂的保管

化学实验室中，正确地存放和保管化学试剂是一项十分重要的工作。若保管不当，不仅试剂失效变质，影响实验效果，造成浪费，甚至还会引发事故。

例如，吸水性强的 NaOH 密封不严就会变质；易燃液体乙醇、苯、丙酮等挥发后可与空气形成爆炸性混合气，遇明火即可爆炸；易挥发的盐酸和甲醛若贮存在一个药品柜中，就会在空气中形成微量的氯甲醚，是致癌物质。

因此，化学试剂的保管，必须根据化学试剂的性质、类别与危险性等级，分门别类，合理放置，切忌混杂堆放。在确保不会发生火灾、爆炸、泄漏等事故的前提下，还要防止试剂吸湿潮解、变质失效及标签脱落等情况的发生。应将一般化学试剂保存在通风良好、洁净干燥的特定房间内，对于特殊有毒、放射性试剂，应设置专柜，加贴特殊标志，由专人妥善保管。

化学试剂通常分为化学危险品和非危险品。根据我国国家标准规定，化学危险品一般分为九大类：爆炸物；可压缩的、液化的、在压力下溶解的气体；可燃性气体；可燃性固体，能自燃物质，能与水反应的物质；氧化剂，有机过氧化物；毒物；放射性物质；腐蚀性物质；其他危险性物质。

为方便记忆，本书对相近类型的试剂重新归类。常见化学试剂的分类、特点及贮存条件见表 1-10。

表 1-10　化学试剂分类和贮存条件

类别	特点	贮存条件	试剂举例
易燃类	①可燃气体:凡遇火、受热、与氧化剂接触能引起燃烧或爆炸的气体 ②可燃液体:易燃烧而在常温下呈液态的物质。闪点①小于 45℃ 的称易燃液体,闪点大于 45℃ 的称可燃液体 ③可燃性固体物质:凡是遇火、受热、撞击、摩擦或与氧化剂接触能着火的物质,燃点②小于 300℃ 的称易燃物质,燃点大于 300℃ 的称可燃物质	气体贮存于专门的钢瓶中,阴凉通风,温度不超过 30℃;与其他易产生火花的器物和可燃物质隔开存放;特殊标志,闪点在 25℃ 以下的存放温度理想条件为 −4～4℃	①氢气、甲烷、乙炔、乙烯、煤气、液化石油气等 ②氧气、空气、氯气、氟气、氧化亚氮、氧化氮、二氧化氮等 ③乙醚、丙酮、汽油、苯、乙醇等 ④正戊醇、乙二醇、甘油等 ⑤赤磷、黄磷、三硫化磷、五硫化磷等
剧毒类	通过皮肤、消化道和呼吸道侵入人体内破坏人体正常生理机能的物质称毒物 毒物指标常用半致死量 LD_{50}(mg/kg)或半致死浓度 LC_{50}(10^{-6})表示: 剧毒 $LD_{50} < 10$ 高毒 LD_{50} 范围为 $11～100$ 中等毒 LD_{50} 范围为 $101～1000$ 实验室习惯将 $LD_{50} < 50$ 者归入此类	固液体与酸类隔开,阴凉干燥,专柜加锁,特殊标记,专人负责管理,取用时要严格做好记录	氰化物、三氧化二砷及其他剧毒砷化物、汞及其他剧毒汞盐、硫酸二甲酯、铬酸盐、苯、一氧化碳、氯气等
强腐蚀类	对人体皮肤、黏膜、眼、呼吸器官及金属有极强腐蚀性的液体和固体	阴凉通风,与其他药品隔离放置。选用抗腐蚀材料做存放架,架不宜过高以保证存取搬动安全。温度 30℃ 以下	发烟硫酸、浓硫酸、浓盐酸、硝酸、氢氟酸、苛性碱、乙酐、氯乙酸、浓乙酸、三氯化磷、溴苯酚、溴、硫化钠、氨水等
燃烧爆炸类	①本身是炸药或易爆物 ②遇水反应猛烈,发生燃烧爆炸 ③与空气接触氧化燃烧 ④受热、冲击、摩擦、与氧化剂接触时燃烧爆炸	温度在 30℃ 以下,最好在 20℃ 以下保存,与易燃物、氧化剂隔开,在防爆橱放置。以细砂垫底,并加盖,特殊标记	①硝化纤维、苦味酸、三硝基甲苯、叠氮和重氮化合物、乙炔银、高氯酸盐、氯酸钾等 ②钠、钾、钙、电石、氢化锂、硼化合物、白磷、硫化磷、红磷、镁粉、锌粉、铝粉、萘、樟脑等
强氧化剂类	过氧化物或强氧化能力的含氧酸盐	阴凉、通风、干燥,室温不超过 30℃。与酸类、木屑、炭粉、糖类、硫化物等还原性物质隔开。包装不要过大,注意通风放热	硝酸盐、高氯酸及其盐、重铬酸盐、高锰酸盐、氯酸盐、过硫酸盐、过氧化物等
放射类	具有放射性的物质	远离易燃易爆物,装在磨口玻璃瓶中放入铅罐或塑料罐中保存	乙酸铀铣锌、硝酸钍、氧化钍、钴-60 等

类别	特点	贮存条件	试剂举例
低温类	低温才不致聚合变质或发生事故	温度在10℃以下	苯乙烯、丙烯腈、乙烯基乙炔、其他易聚合单体、过氧化氢、浓氨水
贵材类	价格昂贵及特纯的试剂,稀有元素及其化合物	小包装,单独存放	钯黑、铂及其化合物、锗、四氯化钛等
易潮解类	易吸收空气中水分潮解变质的物质	30℃以下和湿度在80%以下。干燥阴凉,通风良好。或密闭封存	三氯化铝、乙酸钠、氧化钙、漂白粉、绿矾等
其他类	除上述9类之外的有机、无机药品	阴凉通风,在25～30℃保存。可按酸、碱、盐分类保管	

① 液体表面上的蒸气刚足以与空气发生闪燃的最低温度叫闪点。

② 可燃物质开始持续燃烧所需的最低温度称该物质的着火点或燃点。

【问题讨论】 <<←—

1. 烧杯的用途有哪些？

2. 实验室用来量取液体体积的仪器有哪些？

3. 化学试剂瓶的标签包含哪些内容？

4. 通用化学试剂有几个等级？如何选用？

5. 如何取用液体试剂？

6. 用量筒取 10mL 水、$KMnO_4$ 溶液、碘溶液时，如何读数？

7. 举例说明一般化学试剂、燃烧爆炸类化学试剂及强氧化剂类化学试剂的保管方法。

任务三　制备蒸馏水及实验报告相关知识

【任务描述】 <<←—

了解化学实验用水的分类、主要指标和制备方法；学会有效数字运算规则，能够准确记录实验数据；试着用简单方法制备一定量的蒸馏水，并完成实验报告。

【相关知识】 <<←—

一、化学实验用水的级别、主要指标及纯水的制备方法

（一）水的分类

水是最常用的溶剂和洗涤剂，其纯度的高低直接影响着化学实验结果的准确性。不同的实验对水的纯度要求是不同的。因此，应依据化学实验的不同特点、要求来选择适合的实验室用水。

一般按水中杂质含量的多少将水分为源水、纯水、高纯水三类。

1. 源水

源水又称常水，指人们日常生活用水，有地表水、地下水和自来水。源水不宜直接用来

做化学实验，它是制备纯水的水源。源水水质直接关系到纯水制备工艺的选取，从制备纯水角度，源水杂质可分为悬浮物、胶体和溶解性物质三类。

（1）悬浮物

悬浮物是直径为 10^{-4} mm 以上的微粒，包括细菌、藻类、砂子、黏土、原生生物及各种悬浮物。

（2）胶体

胶体是直径为 $10^{-8} \sim 10^{-4}$ mm 的微粒，包括溶胶硅酸铁、铝等矿物质胶体及腐殖酸、富里酸等有机高分子化合物。

（3）溶解性物质

溶解性物质是直径小于等于 10^{-5} mm 的微粒，包括阳离子（如 K^+、Na^+、Ca^{2+}、Mg^{2+}、Fe^{3+}、Mn^{2+} 等）、阴离子（如 CO_3^{2-}、NO_3^-、SO_4^{2-}、Cl^-、OH^-、NO_2^-、PO_4^{3-}、SiO_3^{2-} 等）、溶解性气体（如 O_2、CO_2、H_2S、NH_3、SO_2 等）。

2. 纯水

纯水是将源水经预处理除去悬浮物、不溶性杂质后，用蒸馏法或离子交换法进一步纯化除去可溶性、难溶性盐类、有机物、胶体而达到一定纯度标准的水。

3. 高纯水

高纯水系指以纯水为水源，再经离子交换，膜分离（电渗析、反渗透、超滤、膜过滤等）除盐及非电解质，使水中的电解质几乎完全除去，又将不溶解的胶体物质、有机物、细菌、SiO_2 等除到最低程度的水。

（二）实验室用水的级别及主要指标

化学实验，尤其是分析化学实验离不开纯水。实验室用水外观应为无色透明液体，水的源水应为饮用水或适当纯度的水。共分为三个级别：一级水、二级水和三级水。

在我国国家标准《分析实验室用水规格和试验方法》（GB/T 6682—2008）中，明确规定了实验室用水的级别。实验室用水级别及主要指标见表 1-11。

表 1-11 实验室用水级别及主要指标

指标名称	一级[②]	二级	三级
pH 值范围(25℃)[①]	—	—	5.0～7.5
电导率(25℃)/(mS/m)	≤0.01	≤0.10	≤0.50
可氧化物质含量(以 O 计)/(mg/L)	—	≤0.08	≤0.4
吸光度(254nm,1cm 光程)	≤0.001	≤0.01	—
蒸发残渣(105℃±2℃)/(mg/L)	—	≤1.0	≤2.0
可溶性硅(以 SiO_2 计)/(mg/L)	≤0.01	≤0.02	—

① 由于在一级水、二级水的纯度下，难以测定其真实的 pH 值，因此，对于一级水、二级水的 pH 值范围不做规定。

② 由于在一级水的纯度下，难以测定可氧化物质和蒸发残渣，对其限量不做规定。可用其他条件和制备方法来保证一级水的质量。

1. 一级水

一级水用于有严格要求的分析试验，包括对颗粒有要求的试验，如高效液相色谱分析用水。可用二级水经过石英设备蒸馏或交换混床处理后，再经 $0.2\mu m$ 微孔滤膜过滤来制取。

2. 二级水

二级水用于无机衡量分析等试验，如原子吸收光谱分析用水。可用多次蒸馏或离子交换等方法制取。

3. 三级水

三级水用于一般化学分析试验。可用蒸馏或离子交换等方法制取。

(三) 纯水的制备方法

实验室中，常用制备纯水的方法有蒸馏法、离子交换法和电渗析法。

1. 蒸馏法

蒸馏法纯化水的机理是根据水与杂质具有不同的挥发性（沸点不同），利用蒸馏器进行蒸馏和冷凝而制备纯水的方法。蒸馏法制备的纯水叫蒸馏水，按蒸馏的次数又分为一次蒸馏水、二次蒸馏水（或重蒸馏水）和三次蒸馏水（$pH\approx7$ 的高纯水）。

2. 离子交换法

离子交换法制备纯水是在离子交换树脂上使水质得到纯化的一种方法。离子交换树脂是一种带有可交换离子的高分子化合物，分为阳离子交换树脂和阴离子交换树脂。用离子交换树脂可除去水中绝大部分阴、阳离子，因此用离子交换法制取的纯水又称为"去离子水"或"无离子水"。离子交换法所制纯水的纯度高，比蒸馏法成本低，设备简单，操作简便，占地面积小，是目前工业生产和实验室中常用的方法，但由于不能除去大部分有机杂质，故只适于一般分析及无机物分析等大量用水的场合。

3. 电渗析法

电渗析法是一种膜分离法，它是把树脂制成阴、阳离子交换膜，并借助外电场的作用和膜对溶液中离子的选择性使杂质离子分离的方法。该法可除去水中的绝大部分阴、阳离子，而制得"去离子水"。但由于在制水过程中浓水排放量较大，水源消耗多，目前不被优先采用。

二、国际单位制和我国法定计量单位

1. 国际单位制

国际单位制（简称 SI）是国际计量大会所采用和推荐的国际通用的计量单位制。它具有先进、实用、简单、科学等优越性，适用于国民经济、科学技术、文化教育等各个领域。目前世界上已有 80 多个国家采用国际单位制，国际简称为 SI。

在国际单位制中，将单位分为基本单位、导出单位和其他单位三类。其中，基本单位是选定作为其他单位基础的单位。基本单位有 7 个，分别是长度（米）、质量（千克）、时间（秒）、电流（安培）、热力学温度（开尔文）、物质的量（摩尔）和发光强度（坎德拉）。而导出单位是由基本单位以相乘、相除而构成的单位。

$$
国际单位制(SI)\begin{cases} SI\,单位 \begin{cases} SI\,基本单位(7\,个)(见附录一) \\ SI\,导出单位 \begin{cases} 具有专门名称的\,SI\,导出单位(19\,个)(见附录一) \\ 组合形式的\,SI\,导出单位 \end{cases} \end{cases} \\ SI\,单位的倍数单位(其词头部分见附录一) \end{cases}
$$

2. 我国法定计量单位

法定计量单位是国家以法令形式规定强制使用的一种计量单位。我国法定计量单位是以 SI 单位为基础，同时选用一些非 SI 单位构成的，其构成如下：

$$\text{我国法定计量单位}\begin{cases}\text{SI 基本单位(7 个)}\\\text{SI 导出单位(19 个)}\\\text{国家选定的非 SI 单位(见附录一)}\\\text{由以上单位构成的组合形式的单位(如 m}^3\text{、mol/L、s}^{-1}\text{ 等)}\\\text{由 SI 词头(21 个)和以上单位构成的十进倍数单位和分数单位}\end{cases}$$

在使用法定计量单位时，应注意以下几点。

① 我国法定计量单位的名称、符号及书写规则基本与 SI 单位一致，具有固定不变的性质，即单位符号不得随意修饰改动。

② 单位符号一律用正体字母。

③ 相乘组合的单位有加圆点"·"或空格两种表示方法，如力矩的单位表示为 N·m 或 Nm，不可写成 N×m。

④ 相除组合的单位中斜线"/"不得多于一条，当分母中有一个以上单位时，应加圆括号。例如，摩尔热容的单位为 J/(mol·K)，不应写作 J/mol/K 或 J/mol·K。

⑤ 任何物理量都是由数值和单位组合而成的，故在计算时应将数值和单位一并列出。

⑥ 单位符号和数值均不得拆开。例如，30℃ 不是 30°C，不能读作"摄氏 30 度"；1.78m 不可写作 1m78。

三、误差、有效数字及其运算规则

(一) 误差

无数实验可以证明，任何测量都不可能得到绝对准确的结果，即误差是客观存在的，这就是误差公理。因此，了解误差的概念及分类对减免误差、正确处理数据是十分必要的。

1. 准确度

准确度是指测定值（x）与真实值（μ）的接近程度，两者差值越小，测定结果的准确度越高。准确度的高低，可用绝对误差（E_i）和相对误差（RE_i）表示：

$$E_i = x - \mu \tag{1-1}$$

$$RE_i = \frac{x-\mu}{\mu} \times 100\% \tag{1-2}$$

相对误差表示绝对误差在真实值中所占的百分率。相对误差与真实值和绝对误差两者的相对大小有关，用相对误差表示测定结果的准确度更为确切、合理。

绝对误差和相对误差都有正、负之分。正值表示测定结果偏高，负值表示测定结果偏低。

在实际工作中，真实值往往不知道，无法说明准确性的高低，因此常用精密度来表示测定结果的可靠程度。

2. 精密度

精密度是指在相同的条件下，对同一试样进行多次测定（平行测定），所得结果之间的一致程度。它体现测定结果的重现性，通常用偏差表示个别测定值（x_i）与几次测定的算术平均值（$\overline{x}$）之间的差，有绝对偏差（d_i）和相对偏差（Rd_i）之分。

$$d_i = x_i - \overline{x} \tag{1-3}$$

$$Rd_i = \frac{d_i}{\overline{x}} \times 100\% \tag{1-4}$$

准确度和精密度常常并用，但二者的概念不同。

例如，甲、乙、丙、丁四人测定同一试样的铁含量，甲的准确度、精密度均好，结果可靠；乙的精密度高，但准确度低；丙的准确度和精密度均差；丁的平均值虽然接近真实值，但由于精密度差，其结果也不可靠。可见精密度是保证准确度的先决条件。精密度差，所得结果不可靠，但精密度高也不一定保证其准确度也高。

实际上，测量结果的精密度常用平均偏差（$\bar{d}$）、相对平均偏差（$\overline{dx}$）和标准偏差（s）量度。

$$\bar{d} = \frac{\sum\limits_{i=1}^{n}|d_i|}{n} = \frac{\sum\limits_{i=1}^{n}|x_i - \bar{x}|}{n} \tag{1-5}$$

$$\overline{dx} = \frac{\bar{d}}{x} \times 100\% \tag{1-6}$$

$$s = \sqrt{\frac{\sum\limits_{i=1}^{n}(x_i - \bar{x})^2}{n-1}} \tag{1-7}$$

标准偏差是各次测得值的均方根偏差，s 对极值反应灵敏，可描述测量值的离散程度。

3. 分析结果的报告

生产过程的控制分析，对准确度要求不高，希望尽快报出分析结果，通常一个试样只做一、二次测定。对于要求较高的定量分析，必须做多次测定，不仅要报出被测组分的含量数据，而且要指出测得数据的精密度。

比较完整的分析结果一般报告三项值：测定次数（n）；被测组分含量的平均值（$\bar{x}$）或中位值（x_m）；平均偏差（$\bar{d}$）或标准偏差（s）。其中，中位值是一组测定值按大小顺序排列时的中间项数值，若为偶数项，则为中间两项的平均值。这种表示计算简单，当测定次数较少且有大偏差出现时，报告中位值效果较好。

工业生产中所使用的定量方法，一般都规定了分析的允许偏差（或称公差）。它表示某项分析的平行测定之间所允许的绝对偏差。报告分析结果时，可依此判断结果是否合格。若平行测定的绝对偏差不超过公差，则测定结果有效。否则称为"超差"，此项分析应该重做。

例如：测定工业硫酸的质量分数时，规定公差为 $\pm 0.30\%$。如果平行测定结果分别 97.74% 和 98.10%，则可取其算术平均值 97.92% 为报告结果；如果平行测定结果为 97.52% 和 98.20%，其算术平均值为 97.86%，显然已超差，必须重做。

4. 误差产生的原因

误差包括系统误差（或称可测误差）和偶然误差（或称随机误差）。

由某些固定的原因引起的分析误差叫系统误差，其显著的特点是朝一个方向偏离。造成系统误差的原因可能是试剂不纯、测量仪器不准、分析方法不妥、操作技术较差等。只要找到产生系统误差的原因，就能设法纠正或克服。

由某些难以控制的偶然因素造成的误差叫随机误差。实验环境、温度、湿度及气压的波动、仪器性能的微小变化、操作人员的情绪波动等都会产生随机误差。其特点是符合正态分布。

此外，由于操作者的粗心大意，不遵守实验方法、条件而出现的操作错误及读错、记错等称过失误差，不属于客观存在的误差，必须避免。

从两类误差的特点看，首先要消除系统误差，其次可通过增加平行测定次数降低随机误差。

(二) 有效数字及其运算规则

1. 有效数字

有效数字是指在测量中实际能测到的数字。有效数字的最后一位是估计值，不够准确，又称可疑数字。

例如，用分析天平测得某试样为 0.6180g，则 0.618 是准确的，最后一位"0"是可疑的，可能有正负一个单位的误差，即该试样的实际质量在（0.6180±0.0001）g 之间。此时称量的绝对误差为±0.0001g，相对误差为：

$$\frac{\pm 0.0001}{0.6180} \times 100\% = \pm 0.02\%$$

若错把结果记为 0.618g，则意味着该试样的实际质量在（0.618±0.001）g 之间，此时绝对误差为±0.001g，而相对误差变为±0.2%。显然，测量的准确度被降低了 10 倍。

由此可见，掌握有效数字的概念对正确记录测量数据是十分必要的。

举例如下：

试样的质量 0.6050g 四位有效数字（用分析天平称量）

10.3g 三位有效数字（用台秤称量）

天平的零点 0.0018g 两位有效数字

溶液的体积 20.03mL 四位有效数字（用滴定管量取）

20.0mL 三位有效数字（用量筒量取）

质量分数 66.68% 四位有效数字

离解常数 $K_a = 1.8 \times 10^{-5}$ 两位有效数字

数字"0"按在数据中的位置不同有不同的意义。"0"在其他数字前（如 0.0018），仅起定位作用，不算有效数字；"0"在数据中间（如 10.3）或其他数字之后（如 20.0），均为有效数字；以"0"结尾的整数（如 3500），其有效数字难以确定，如果采用科学计数法，则前面因数部分就是有效数字（如 3.5×10^3）。

2. 数字的修约规则

实验中所测得的数据，由于测量的准确程度不完全相同，因而其有效数字的位数也不尽相同。在进行计算时应舍弃多余的数字，进行修约。

修约规则可概括为"四舍六入五留双"，具体介绍如下。

① 拟舍弃数字的最左一位小于或等于 4 时，则舍去。如 12.1498→12.1。

② 拟舍弃数字的最左一位大于或等于 6 时，则进一。如 24.7821→24.8。

③ 拟舍弃数字最左一位等于 5，后面的数字不全为零时，则进一。如 1.052→1.1。

④ 拟舍弃数字的最左一位等于 5，而后面无数字或数字皆为零时，若所保留的末位数字为奇数则进一，为偶数则舍弃。例如：

12.35→12.4　　12.350→12.4

12.45→12.4　　12.450→12.4

1.1500→1.2　　1.0500→1.0

⑤ 负数修约时，先将它的绝对值按上述规定进行修约，然后在修约值前面加上负号。例如：

$-0.0365 \rightarrow -0.036$　　$-3550 \rightarrow -36 \times 10^2$

⑥ 只允许对数据一次修约到所需要的有效数字，不得多次连续修约。例如：

将 315.4546 修约成三位有效数字，应一次修约为 315。

若 315.4546→315.455→315.46→315.5→316，则是不正确的。

3. 有效数字运算规则

① 加、减运算时，结果的有效数字位数应与绝对误差最大（即小数点后位数最少）的数据相同。例如：

$$7.85+26.1364-18.64738=15.34$$

② 乘、除运算时，结果的有效数字位数应以相对误差最大（即有效数字位数最少）的数据为准。例如：

$$\frac{0.07825\times12.0}{6.781}=0.138$$

③ 若数据的第一位有效数字为 8 或 9，则有效数字的位数可多算一位，如 0.824 可视为四位有效数字。

④ 计算式中遇到的常数，如 π、e 及 $\sqrt{3}$、1/2 等，可视为无穷多位有效数字，不影响其他数字的修约。

⑤ 对数运算中，对数小数点后的位数应与真数相同。例如：

$$[H^+]=3.3\times10^5 mol/L，则 pH=4.48。$$

⑥ 乘方和开方计算时，结果的有效数字位数与原数值相同。例如：

$$12^2=1.4\times10^2 \qquad \sqrt[3]{2.28\times10^3}=13.2$$

⑦ 表示误差时，保留一位最多两位有效数字即可；化学平衡计算一般为两位有效数字。

四、实验过程的记录与实验报告的书写

1. 实验过程的记录

实验记录是对化学实验工作原始情况的记载。它是正确书写实验报告的依据，也是日后查阅的一种永久性资料，因此，实验记录必须及时、准确、客观、真实。一般要用页码连续的专门记录本，并用不褪色的墨水书写。

实验记录通常记录某个实验的药剂规格、用量、仪器（含名称、型号）、操作过程、实验现象、各种测量数据、产品的性状、产率等。

对本书指定的成熟实验，只记录后四项内容即可。

2. 实验记录注意事项

① 测量数据要用有效数字表示，使所保留的有效数字中，只有最后一位是估计的"不定数字"。

② 原始数据不能随意涂改，不能缺页，如发现数据记错、算错或测错，要将该数据用一横线划去，并在其上方写上正确数字。

③ 数据记录必须是真实的，不得随意编造数据。

3. 实验报告的书写

完成实验报告是对实验进行总结和提高的过程，也是培养严谨的科学态度、实事求是精神的重要措施，必须予以重视。实验报告的书写应结构完整、字迹端正、简明扼要。

通常，实验报告的格式见表 1-12，仅供参考。也可根据实验类型的不同，自行设计。

表 1-12 实验报告样例

实验×× ×××××

班级_____ 学号_____ 姓名_____ 日期_____ 指导教师_____

一、实验目的

1. _____

2. _____

二、实验原理（简要文字、化学方程式及图示）

三、仪器与药品

仪器（仪器型号，重要仪器装置图等）：

名 称	规 格	数 量	备 注

药品（药品规格及溶液浓度）：

名 称	浓 度	准 备 量	用 量	备 注

四、实验步骤（可用框图、表格、化学式或符号等表示，例如）

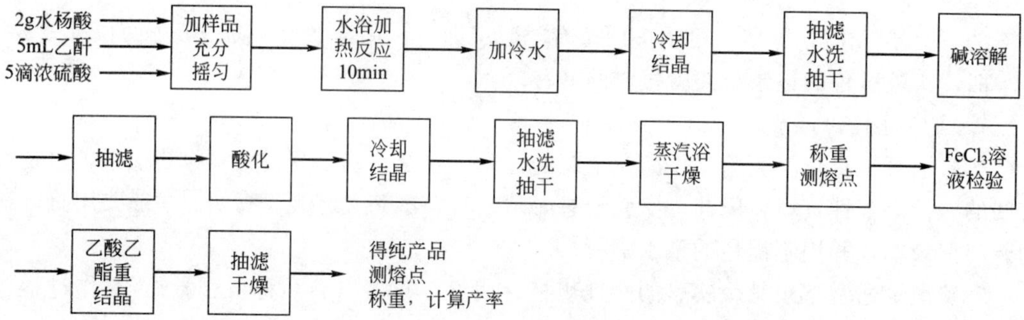

2g水杨酸
5mL乙酐 → 加样品充分摇匀 → 水浴加热反应10min → 加冷水 → 冷却结晶 → 抽滤水洗抽干 → 碱溶解
5滴浓硫酸

→ 抽滤 → 酸化 → 冷却结晶 → 抽滤水洗抽干 → 蒸汽浴干燥 → 称重测熔点 → $FeCl_3$溶液检验

→ 乙酸乙酯重结晶 → 抽滤干燥 → 得纯产品 测熔点 称重，计算产率

五、数据记录（可用表格的形式记录实验现象、检测数据）

时 间	现 象	数 据	备 注

六、数据处理（产品的外观、产量及产率计算、分析检测的有关计算或图表）

七、问题讨论（比较测定值和理论值，分析产生误差的原因，提出改进措施）

【问题讨论】 <<←—

1. 能否直接用自来水做定性和定量试验？为什么？

2. 常用制备纯水的方法有哪些？为什么说离子交换法是目前工厂和实验室最常用的方法？

3. 我国法定计量单位是由哪几部分组成的？

4. 解释下列概念

绝对误差、相对误差、绝对偏差、相对偏差、相对平均偏差、标准偏差、中位值、公差。

5. 指出下列数据包含几位有效数字

(1) 6.022×10^{23}　　(2) 3.41×10^{-6}　　(3) 0.0987　　(4) 63.40%

(5) 0.020089　　(6) $pH = 12.46$

6. 将下列数据按所要求的有效数字位数进行修约

(1) 2.346 修约成三位有效数字；

(2) 2.31662 修约成四位有效数字；

(3) 2.0513 修约成两位有效数字；

(4) 7.54846 修约成两位有效数字。

7. 按有效数字运算规则，计算下列各式

(1) $1.060 + 0.0594 - 0.0013$

(2) $\dfrac{51.38}{8.709 \times 0.9460}$

(3) $\dfrac{2.52 \times 4.10 + 15.04}{6.15 \times 104}$

(4) $\lg(1.8 \times 10^{-5})$

情境二

化学实验准备工作

任务一 化学实验仪器的认领、洗涤

【任务描述】 <<<←

根据化学实验用仪器的特点及用途，对给定的仪器进行登记和分类，并按照玻璃仪器的洗涤原则进行清洗。

【任务分析】 <<<←

在化学实验中常会使用到许多玻璃仪器，为保证实验安全顺利进行，需要先了解各种玻璃仪器的规格和性能，学会玻璃仪器的洗涤和干燥方法。

【相关知识】 <<<←

一、玻璃仪器的洗涤和干燥

1. 玻璃仪器的洗涤

做化学实验必须使用洁净的玻璃仪器，使用后的玻璃仪器常黏附化学药品、灰尘及其他污物，试验结束后应立即清洗。实验者要养成及时清洗、干燥玻璃仪器的良好实验习惯。

根据污物的性质不同，玻璃仪器的洗涤可采用水冲洗、刷洗及药剂洗等方法。玻璃仪器的洗涤方法视频通过扫描二维码 M2-1 观看。

M2-1 玻璃仪器的
洗涤方法

（1）水冲洗

水冲洗又称振荡洗涤。方法是向容器（如试管、烧瓶、烧杯等）内注入适量（通常小于仪器 1/3 容积）的自来水，稍微用力振荡后把水倒掉，反复连续几次即可。该法适于尘土及水溶性污物的洗涤。操作方法如图 2-1 所示。

（2）刷洗

对于振荡洗涤不净的污物，可向容器内注入 1/2 容积的自来水，选合适的毛刷，转动或来回柔力刷洗。若仍不净，可倒出水，用毛刷蘸洗衣粉、肥皂水或去污粉刷洗。注意不能选

图 2-1 振荡水洗玻璃仪器

择秃头毛刷刷洗，也不能用力过猛，防止损坏仪器。操作方法如图 2-2 所示。

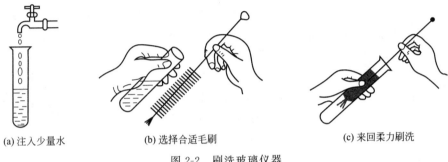

(a) 注入少量水　　　　(b) 选择合适毛刷　　　　(c) 来回柔力刷洗

图 2-2 刷洗玻璃仪器

（3）药剂洗

对上述方法仍不能洗净的仪器，以及一些口小、管细的特殊仪器，常用药剂浸泡，使污物溶解或反应后再除去。例如，用铬酸洗液可洗去有机污物。淋净水后的仪器再注入少量洗液，倾斜仪器，直至内壁全被洗液润湿，转动几圈（或浸泡一段时间）后把洗液倒回原瓶，再用自来水冲洗。常用洗液的配制方法及注意事项见表 2-1。

表 2-1　常用洗液的配制方法及注意事项

洗液名称	配制方法	洗液特点	使用注意事项
铬酸洗液	将研细的 20g K_2CrO_7 溶于 40mL 热水中，冷却后在不断搅拌下慢慢加入 360mL 浓硫酸，即得暗红色油状铬酸洗液	强酸性,强氧化性,适于洗涤油污及有机物	①有毒性、强腐蚀性,要小心使用 ②贮瓶盖紧,防止吸水 ③失效后呈绿色(可用 $KMnO_4$ 再生) ④废液处理后方可排放
草酸洗液	5～10g $H_2C_2O_4$ 溶于 100mL 水中,再加少量盐酸配制而成	有还原性及配合性,用来洗涤 MnO_2 和三价铁的沾污	$H_2C_2O_4$ 有毒
碱性高锰酸钾洗液	4g $KMnO_4$ 溶于少量水中,再加 10g NaOH 溶解并稀释至 100mL	作用缓慢（浸泡 5～10min） 适于洗涤油污及有机物	洗后器壁上留下 MnO_2 沉淀物,可用浓盐酸、$H_2C_2O_4$ 溶液或 Na_2SO_3 溶液处理
碱性乙醇溶液	120g NaOH 溶于 120mL 水中,再用 95% 的乙醇稀释到 1L	适于洗涤油脂、焦油和树脂等	①久放失效 ②对磨口瓶塞有腐蚀作用,最好贮于塑料瓶中

还有一些利用药剂去除特殊污物的办法。例如，MnO_2 污迹，也可用含有少量 $FeSO_4$ 的稀硫酸溶液去除；硫黄污迹可用 Na_2S 溶液或煮沸的石灰水去除；AgCl 沉淀沾污用氨水或 $Na_2S_2O_3$ 处理；沾有 I_2 时，可用 KI 洗液浸泡片刻，或加入稀的 NaOH 溶液温热之，或用

$Na_2S_2O_3$ 溶液除去；银镜反应后沾附的银或有铜附着时，可加入稀硝酸，必要时可稍微加热，使其溶解；玻璃砂芯漏斗耐强酸，也可用 HNO_3 溶液浸泡一段时间后，再用蒸馏水抽干。

（4）注意事项

① 无论采用哪种方法洗涤玻璃仪器，最后需再用蒸馏水冲洗 2～3 次。

② 玻璃仪器洗净的标志是倒置时，附着在仪器内、外壁水膜均匀顺器壁流下，既不聚成水滴，也不成股流下。

③ 洗净后的玻璃仪器，不可再用布或纸擦拭，以免再次污染仪器。

2. 玻璃仪器的干燥

有些实验要求在无水的条件下操作，需要使用干燥的玻璃仪器。根据实验的要求和仪器本身的特点，对洗净的玻璃仪器可以采用不同的方法干燥。玻璃仪器的干燥方法视频通过扫描二维码 M2-2 观看。

（1）晾干

将洗净的仪器倒置于干净的仪器柜内或沥水木架上，让水分自然蒸发。

M2-2　玻璃仪器的
干燥方法

（2）烤干

对于耐热的玻璃仪器，可以直接进行烤干。如烧杯、蒸发皿等，可置于石棉网上小火烤干；试管可用试管夹夹持直接用酒精灯烤干，管口向下倾斜，先从试管底部开始加热，来回移动试管，直至无水珠后，再将管口向上，赶尽水汽。

（3）吹干

常用的有电吹风和气流干燥器。利用电吹风的热空气可将小件急用的玻璃仪器快速吹干。方法是先用热风吹，再用冷风吹。气流干燥器是将洗净的仪器倒置在干燥器的气孔柱上，打开干燥器的热风开关，气孔中排出的热气流可把仪器吹干，如图 2-3 所示。

（4）有机溶剂烘干法

不能加热的厚壁仪器或带有刻度的仪器，如试剂瓶、吸滤瓶、滴定管、容量瓶等，可在洗净的仪器内加入少量易挥发的水溶性有机溶剂（如无水乙醇、丙酮等），倾斜转动润洗后倒出，反复操作 2～3 次，残留在器壁上的混合物很快挥发掉，若与吹干法并用，则更快。

（5）烘干

洗净沥水的仪器，可以放入电烘箱内烘干，温度控制在 105℃左右，约 0.5h 即可烘干。

图 2-3　气流干燥器吹干玻璃仪器

图 2-4　恒温干燥烘箱

注意在放置时，仪器要倒置或口向下倾斜；一般应在烘箱温度自然下降后，再取出仪器，如有急用，应用干布垫上后取出，放置在石棉网上，冷却后方可使用。恒温干燥烘箱如图2-4所示。

二、加热设备的分类及加热方法

(一) 热源

实验室常用的热源有灯焰热源、电设备热源两类。

1. 灯焰热源

(1) 酒精灯

酒精灯是实验室常用的加热器具，结构如图2-5所示。酒精灯加热温度为400～500℃，适用于温度不需要太高的实验。酒精灯的灯焰可分为外焰、内焰和焰心，如图2-6所示。其中，外焰的温度最高，内焰的温度较低，焰心的温度最低。因此，要用外焰加热。

图2-5　酒精灯的结构

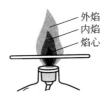

图2-6　酒精灯的灯焰

使用酒精灯时要注意：需用燃着的火柴点燃酒精灯；严禁用燃着的酒精灯点燃另一只酒精灯，以免酒精溢出，引起火灾；使用完毕后，必须用灯帽盖灭（磨口帽盖灭后，要再提起一下，为什么？），切忌用嘴吹灭；不得向燃着的酒精灯内添加酒精；可借助小漏斗向灯壶中添加酒精，使用中，酒精应保持在灯壶容量的1/4～2/3。酒精灯使用方法及注意事项如图2-7所示。

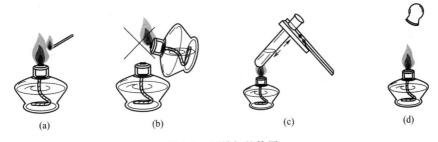

(a)　　　　　　(b)　　　　　　(c)　　　　　　(d)

图2-7　酒精灯的使用

(2) 酒精喷灯

酒精喷灯是燃烧混入空气的酒精蒸气（酒精蒸气以一定的压力不断地从喷孔喷出），从而获得较高温度（800～1000℃）灯焰的加热器具。酒精喷灯有座式和挂式两种，其构造如图2-8所示。

座式酒精喷灯的使用方法如下。

① 点火前的检查。装入酒精约200mL，倒置3～5s，使酒精浸泡灯芯。此时灯管底部的喷孔会被酒精润湿，否则，须用通针畅通喷孔。

② 点火。将喷灯放在大石棉网上或石棉板上，往预热盘中注满酒精（勿溢出），然后点

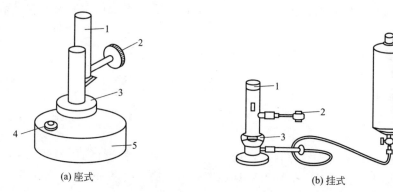

图 2-8　酒精喷灯的类型和构造
1—灯管；2—空气调节器；3—预热盘；4—铜帽；5—酒精壶；6—酒精贮罐；7—盖子

燃。当灯芯管内酒精汽化并从喷孔中喷出时，预热盘内燃着的火焰会将其点燃，有时也需用火柴点燃。

③ 火焰的调节。移动空气调节器至火焰稳定正常。

④ 熄灭。用石棉网或小木块盖住灯管口，使其停止燃烧。

座式酒精喷灯的使用注意事项如下。

① 酒精不可装得过满，否则酒精不易汽化，会出现"火雨"。

② 经两次预热仍不能点燃时，应暂时停止使用，检查接口处是否漏气（可用火柴点燃检视）、喷孔是否堵塞（用通针疏通）和灯芯是否完好（灯芯烧焦、变细应更换）。待修好后再使用。

③ 连续使用不得超过半小时，以免因罐内酒精过少而使灯芯烧焦，影响下次使用。

④ 中途添加酒精时，一定要灭火冷却后进行。

⑤ 使用中如发现罐底凸起或有渗漏现象，要立即停止使用，以免造成事故。

⑥ 喷灯用毕冷却后，应将酒精倒出。

挂式酒精喷灯的使用方法与座式酒精喷灯大体相同。点燃挂式酒精喷灯前，必须充分灼热灯管，还要使酒精贮罐开关处于微开状态，防止酒精成液柱喷出造成"火雨"，甚至引起火灾。熄灭时应先关闭酒精贮罐下开关，再关紧空气调节器。

2. 电设备热源

电设备热源是一种将电能转变为热能的加热设备，与各种灯具相比，它具有加热均匀、使用方便、干净等优点。实验室常用的电设备热源有以下几种。

（1）电炉

电炉是实验室中经常使用的加热器具之一，可代替酒精灯或煤气灯用于给盛有液体的容器加热。最简单的盘式电炉如图 2-9 所示，其温度的高低可由外接调压变压器来控制，最高可达 900℃左右。

使用电炉时，受热的金属容器不能直接接触电炉丝，以免造成短路而发生触电事故。使用玻璃容器时，在容器和电炉之间要垫一块石棉网，以保证受热均匀。应经常清理炉盘内烧焦的杂物，以保证电炉丝传热良好，延长使用寿命。

（2）电热板

图 2-9　盘式电炉

电热板本质是封闭型电炉，如图 2-10 所示。其发热体的底部和四周都充有玻璃纤维等绝热材料，故热量全部由铸铁平板上散发。电热板适用于烧杯、锥形瓶等平底容器的加热。

图 2-10　电热板

（3）电热套

电热套又称电热包，如图 2-11 所示。其实质是一种封闭型电炉，电阻丝包在玻璃纤维内，使用方面、安全，目前是实验室广泛使用的一种加热热源。按容积大小分为 100mL、250mL、500mL 等不同规格。电热套常用调压变压器来调节温度，如图 2-12 所示。

图 2-11　电热套

图 2-12　调压变压器

电热套加热温度可达 $450\sim500℃$，可用于代替油浴、沙浴对圆底容器加热。使用时应注意勿将液体溅入套内，也不能加热空电热套。

（4）管式炉

管式炉炉管为管状，内插一根瓷管或石英管，管中放有盛放反应物的瓷反应舟，如图

2-13 所示。管式炉适于需要有空气或其他气流（如 N_2、H_2等）通过的高温反应。炉内发热体为电热丝或硅碳棒，热源温度为 $900\sim1350℃$。温度控制一般为电子温度自动控制器，也可用调压变压器调控。

（5）箱式高温炉

箱式高温炉又称马弗炉，如图 2-14 所示。其炉膛呈长方形，也是电热丝或硅碳棒加热，最高温度可达 $1100\sim1200℃$。可用于金属熔融、固体灼烧、碳化、还原、氧化等实验。使用时将试样置于坩埚内放入炉膛中加热，温度由自控调节钮给定。

高温炉初次使用或长期停用后再使用要按说明书要求进行烘炉；使用时应分段逐步升温（分低、中、高三段，每段 $15\sim30min$）到所需温度后，再放入实验样品；放入或取出样品时，最好先切断电源，以防触电，要先开一小缝，再打开炉门，再移入干燥器中；水分大的物质，应烘干后再放入炉内灼烧。

图 2-13 管式炉（电热丝加热）

图 2-14 箱式高温炉

（6）电热恒温干燥箱

电热恒温干燥箱简称烘箱，是用电热丝隔层加热使物体干燥的设备，如图 2-15 所示。它适于 $50\sim300℃$ 范围的恒温烘焙、干燥、热处理等，常用的温度为 $100\sim150℃$，灵敏度通常为 $\pm1℃$。电热恒温干燥箱一般由箱体、电热系统和自动恒温控制系统三个部分组成。其电热系统一般由两组电热丝构成：一组为恒温电热丝，受温度控制器控制；另一组为辅助电

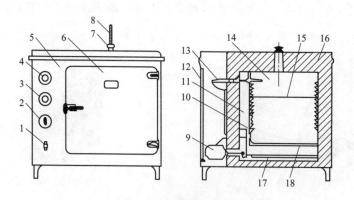

图 2-15 电热恒温干燥箱

1—鼓风开关；2—加热开关；3—指示灯；4—控温器旋钮；5—箱体；6—箱门；7—排气阀；
8—温度计；9—鼓风电动机；10—搁板支架；11—风道；12—侧门；13—温度控制器；
14—工作室；15—试样搁板；16—保温层；17—电热器；18—散热板

热丝，用于短时间内升温和120℃以上的辅助加热。

电热恒温干燥箱的使用方法及注意事项如下，使用视频通过扫描二维码 M2-3 观看。

① 通电前应检查是否断路、短路，箱体接地是否良好，要确保操作安全。

M2-3 电热恒温
干燥箱的使用方法

② 下层放一搪瓷盘，以防欲干燥的玻璃仪器沥水不净，将水滴到电热丝上。

③ 在箱顶排气阀上孔插入温度计，旋开排气阀，接上电源。

④ 空箱通电试验。开启电源开关，当控温器旋钮在 0 位置时，绿色指示灯亮，表示电源接通；将旋钮顺时针旋大至某一位置时，绿色指示灯熄灭的同时红色指示灯亮，表示电热丝已通电加热，箱内升温；再把旋钮回至红灯熄灭而绿灯再亮，说明烘箱工作正常，可以投入使用。

⑤ 温度的控制。调节控温器旋钮，使箱内温度上升，当升至所需温度时，调旋钮至红绿灯交替明亮，即能自动控温。此时须再作几次微调，稳定工作温度至所需值。为防止控制器失灵，恒温后仍须有人经常照看，不可远离。

⑥ 恒温后根据需要可关闭辅助加热部分，以免功率过大，影响温度控制的灵敏度。

⑦ 升温时要打开鼓风开关，并连续使用。

⑧ 开启外道箱门，即可透过内门观察工作室内干燥物品的情况。箱门以少开为宜，以免影响恒温。工作温度较高时不要开启箱门，以防玻璃门因骤冷而破裂。

⑨ 易燃、易爆、易挥发及有腐蚀性、有毒物品禁止放入烘箱，以免发生事故。

⑩ 停止使用时，应及时切断电源，确保安全。

（二）加热方法

加热是化学实验中一项非常重要的操作。很多化学反应是在一定的温度下进行的。实验中的溶解、熔融、升华、蒸发和蒸馏等也需要加热。

按加热方式不同分为直接加热和间接加热两种。

1. 直接加热

对于热稳定性较好的物质，可选择在烧杯、烧瓶、试管、瓷蒸发皿等耐热容器中直接加热，但不能骤热或骤冷。加热前必须将器皿的外壁擦干；加热后不能立即与湿的物体接触。

（1）液体的直接加热

① 加热烧杯、烧瓶中的液体。直接加热烧杯、烧瓶中的液体时，必须在热源上放置石棉网，以防止因受热不均匀而产生炸裂，如图 2-16 所示。烧杯、烧瓶中所盛放的液体量分别为其容量的 1/3～1/2、1/3～2/3。

② 加热试管中的液体。直接加热试管中的液体时，液体量不能超过试管高度的 1/3。用试管夹夹住距管口 1/4 处，试管管口向上倾斜45°，如图 2-17 所示。先在火焰上方往复移动试管，使其均匀预热后，再放到火焰中加热，先加热试管中液体的中上部，再缓慢向下移动试管加热，以防局部沸腾使液体溅出，同时要注意管口不要对人。

加热含较多沉淀的液体以及需要蒸干沉淀时，可使用蒸发皿。

（2）固体的直接加热

① 加热试管中的固体。要选择硬质试管，将固体试剂在试管底部铺匀，块状或粒状固体一般应先研细再加入试管中。管口略向下倾斜固定在铁架台上，夹持位置约距管口 1/4

图 2-16　加热烧杯中的液体

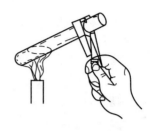

图 2-17　加热试管中的液体

处，如图 2-18 所示。加热时先来回移动灯焰预热，再固定加热盛有固体的部位。加热毕，也要来回移动几次后再熄火，以免试管冷却不均而炸裂。

　　② 加热坩埚中的固体。实验室中，需要高温加热或熔融固体时，要在坩埚中进行。可选用不同材质的坩埚，放在泥三角上，如图 2-19 所示，先用小火预热，再用氧化焰灼烧至红热。加热毕，稍冷后用预热的坩埚钳移至干燥器中冷却。此外，使用高温炉更便于温度的控制。

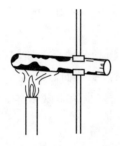

图 2-18　加热试管中的固体

图 2-19　加热坩埚中的固体

　　2. 间接加热

　　有些物质的热稳定性较差，过热时会发生氧化、分解，这类物质不宜直接加热，必须采用间接加热。有时为了使被加热物质受热均匀，防止局部过热，也可以采用间接加热方法。

　　常用的间接加热方法有水浴、油浴、沙浴和空气浴等，可根据加热温度来选择适合的间接加热方式。

　　(1) 水浴

　　加热温度在 90℃ 以下时，可采用水浴。水浴加热简单、方便、安全，但不适用于严格无水操作的实验中。以前常用铜质水浴锅盛水（少于容积的 2/3），选择合适的铜圈支承要加热的器具，如图 2-20 所示，就可在不超过 100℃ 的温度下加热。有时也用大烧杯、不锈钢锅来代替水浴锅，这类水浴锅温度控制不方便。若被加热器具没浸入水中，只是通过蒸汽来加热，则称之为水蒸气浴。

　　目前，实验室常用的是电热恒温水浴，如图 2-21 所示。这种水浴锅可在 37～100℃ 范围内任意选择恒定温度，控制温度较方便。使用时，要注意先加水后通电，水位不超过总高度的 2/3。

　　(2) 油浴

　　加热温度在 90～250℃ 时采用油浴。油浴是以油代替水浴锅中的水，常用甘油（用于 150℃ 以下的加热）、液体石蜡（用于 200℃ 以下的加热）和豆油（用于 250℃ 以下的加热）

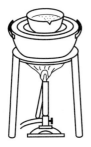

图 2-20　水浴加热

图 2-21　电热恒温水浴

等。一般被加热容器内温度低于油浴温度 20℃左右。使用油浴要小心，防止着火和烫伤。

（3）沙浴

加热温度在 250～350℃时采用沙浴。沙浴时，将细沙平铺在铁盘内，将器皿欲加热部分埋入沙中。非电沙浴而要用煤气灯加热时，应用煤气灯的内焰，以防止烧穿盘底。沙浴使用安全，但升温速度较慢，温度分布也不够均匀。

【任务实施】<<<—

| 检查玻璃仪器 |→| 根据实验室提供的仪器登记表，对照检查仪器的完好性，认识各种仪器的名称和规格，然后分类摆放整齐。 |

 洗涤

| 普通试管、锥形瓶等 |→| 依次用水冲洗、刷洗法洗涤普通试管、离心试管、烧杯、锥形瓶各一个。洗净后，再用蒸馏水冲洗2～3次。 |

| 烧瓶（有油污） |→| 选择一个带有油污的烧瓶，用铬酸洗液浸泡5～10min，回收洗液后再用自来水冲洗干净，最后用蒸馏水冲洗2～3次。 |

| 酸式、碱式滴定管 |→| 先用自来水冲洗，然后左手持滴定管上端，使滴定管自然垂直，用右手倒入约10mL 20% Na_2CO_3溶液（或合成洗涤剂溶液、热肥皂液），然后两手手心向上倾斜横持，转动润洗，倒出洗涤液后先用自来水洗净，再用蒸馏水冲洗2～3次。若仍不干净也可选用铬酸洗液浸泡洗涤。
碱式滴定管的洗涤方法与此略有不同，洗涤时可先取下胶管，再倒置用洗耳球吸入洗涤液浸洗，以免胶管被腐蚀。 |

| 吸量管 |→| 右手拇指和中指捏住近管口处。把吸管插入烧杯内洗涤液液面下15～20mm处。左手拿洗耳球，排出空气后对准吸管管口，按紧。然后慢慢松开手指放液，当吸入管内容积的1/3时，迅速移离洗耳球，随即用右手食指按紧管口，将吸管提离液面并双手横持润洗，最后从吸管下口放出洗涤液，按同样的操作用自来水把残留液洗干净。再用蒸馏水冲洗2～3次。 |

 干燥

| | 1. 将洗净的离心试管、锥形瓶、烧瓶放入烘箱中，温度控制在105℃左右，恒温半小时。也可倒插在气流烘干器上干燥。
2. 将洗净的滴定管倒夹在滴定管夹上，自然晾干。
3. 将洗净的普通试管用酒精灯烤干。
4. 将洗净的烧杯用电吹风吹干。 |

【注意事项】<<<—

1. 用毛刷刷洗玻璃仪器时用力不要过猛，以免捅坏仪器扎伤皮肤。

2. 准确量度溶液体积的仪器，如滴定管、吸量管、容量瓶等不能用毛刷和去污粉刷洗，以免降低准确度。

3. 使用铬酸洗液要小心操作，避免溅出。使用前应倾干仪器中的水分，用后倒回原瓶。

【问题讨论】 <<←—

1. 玻璃仪器洗涤干净的标志是什么？为什么还要用蒸馏水冲洗 2～3 遍？
2. 一支附着 MnO_2 沉淀的试管，应如何洗净？
3. 一只有油污的烧瓶，怎样洗净？
4. 哪些仪器可用烤干法干燥？如何操作？
5. 电热恒温干燥箱应如何使用？
6. 使用铬酸洗液应注意哪些问题？
7. 精密玻璃量器为什么不能用去污粉和毛刷刷洗？

任务二 天平的选择及使用

【任务描述】 <<←—

　　根据给定实验用试剂的特点及用量要求，选用适合的称量用仪器，并按照正确的使用方法完成称量任务。

【任务分析】 <<←—

在化学实验中，为了保证实验数据的准确性，经常对试剂的用量有一定要求，这就要求实验者能根据试剂的特点及用量要求，进行试剂的称量。

【相关知识】 <<←—

实验室常用的称量仪器有托盘天平和电子天平，电子天平按精度又分为常量电子天平和电子分析天平。

一、托盘天平

托盘天平又称台秤，是化学实验室常用的称量用具，一般能称准至 0.1g。当实验中对试剂用量的精确度要求不高时，可使用托盘天平进行称量。

实验室常用的托盘天平有游码天平和快速架盘天平两种，结构如图 2-22、图 2-23 所示。

图 2-22　游码天平

图 2-23　快速架盘天平

1. 托盘天平的构造

游码天平与快速架盘天平两者构造相似，都是由托盘、横梁、平衡螺母、刻度尺、指针、刀口、底座、标尺、游码、砝码等组成的，不同的是快速架盘天平以刻度盘代替游码标尺，用来称量质量少于 10g 的物质。

2. 托盘天平的使用方法

托盘天平称量的基本原则是"左物右码"，使用时要放置在水平的地方。游码天平使用方法如下。

（1）调节零点

使用游码天平前，先将游码拨至标尺的"0"刻度处，调节秤盘下面的平衡螺母，使指针指在分度盘的中间位置（此点称为零点），使用口诀是"左端高，向左调"。

（2）称量物品

称量物品时，应将称量物放在左托盘，右托盘放砝码。如果是化学药品，应根据称量物的性状放在玻璃器皿或洁净的纸上，事先称得玻璃器皿或纸片的质量，再加入药品，然后进行称量。用镊子按"先大后小"的顺序夹取砝码，最后（5g 或 10g 以下）使用游码。当指针重新停在分度盘中间位置时（此点称为停点），砝码质量与标尺读数之和，就是所称物质的质量。台秤的零点与停点允许有一小格的偏差。

托盘天平的使用方法视频通过扫描二维码 M2-4 观看。一定质量固体药品的称量方法视频通过扫描二维码 M2-5 观看。

M2-4　托盘天平的使用方法　　　　M2-5　一定质量固体药品的称量方法

3. 托盘天平的使用注意事项

① 砝码不能用手拿，要用镊子夹取，游码也要用镊子拨动。

② 砝码使用时要轻拿轻放，不能把砝码弄湿、弄脏（这样会让砝码生锈，砝码质量变大，测量结果不准确）。

③ 过冷过热的物体不可放在天平上称量，应先在干燥器内放置至室温后再称。

④ 不准把试剂直接放在托盘上称量，一般试剂可放在纸上，易潮解或腐蚀性试剂应放在已知质量的表面皿或小烧杯中称量。

⑤ 称量完毕，把砝码放回砝码盒，游码退回"0"位，再将托盘放在一侧或用橡胶圈架起，以免台秤摆动。

二、电子天平

电子天平是一种高精度称重仪器，按精确度进行分类，实验室常用的有常量电子天平和电子分析天平两大类，如图 2-24、图 2-25 所示。常量电子天平一般可精确到 1g，电子分析天平一般可精确到 0.1mg。这类仪器具有精度高、操作简单、性能稳定、读数准确、自动去皮重、使用寿命长等优点，得到了广泛使用。

1. 电子天平的构造

常量电子天平和电子分析天平结构相似，都是由秤盘、显示器、机壳、底脚和水平仪等

图 2-24 常量电子天平

图 2-25 电子分析天平

部分组成的。

（1）秤盘

电子天平的秤盘多由金属材料制成，安装在天平的传感器上，是天平进行称量的承受装置。它具有一定的几何形状和厚度，以圆形和方形的居多。使用中应注意卫生清洁，更不要随意调换秤盘。

（2）显示器

电子天平的显示器基本上有两种：一种是数码管的显示器；另一种是液晶显示器。它们的作用是将输出的数字信号显示在显示屏幕上。

（3）机壳

机壳的作用是保护电子天平免受灰尘等物质的侵害，同时也是电子元件的基座等。

（4）底脚

电子天平的支撑部件，同时也是电子天平水平的调节部件，一般均靠后面两个调整脚来调节天平的水平。

（5）水平仪

用于调节天平水平。

2. 电子天平的使用方法

（1）预热

先将天平开关键指向"OFF"，打开电源开关，预热天平至少 30min 以上（或按说明书要求）。因此，实验室电子天平在通常情况下，不要经常切断电源。

（2）校正

电子天平设有自检及校准功能，进行自检时，天平显示"CAL……"稍待片刻，闪显"200.0000"，此时应将天平自身配备的 200g 标准砝码轻轻放入秤盘，天平即开始自校，待天平显示"0.0000g"后，取出 200g 标准砝码，天平自检完毕。

（3）去皮

将预盛放试样的器皿放于秤盘上，待稳定后按去皮"TARE"键，使天平显示"0.0000g"。

（4）称重

将盛有样品的器皿放到秤盘上，使用电子分析天平时要注意关好防风门。

（5）读数

天平自动显示被测物质的重量，等稳定后（显示屏左侧亮点消失）即可读数并记录。

（6）关机

关闭天平，进行使用登记。

电子分析天平的使用方法视频通过扫描二维码 M2-6 观看。

3. 电子天平的使用注意事项

① 电子天平应处于水平状态，避免在阳光直射、受热和湿度比较大的场所放置。

② 电子天平应按说明书的要求进行预热。

③ 称量易挥发和具有腐蚀性的物品时，要盛放在密闭的容器内，以免腐蚀和损坏电子天平。

④ 操作电子天平不可过载使用，以免损坏天平。

⑤ 要保持天平秤盘的清洁，一旦物品撒落应及时小心清除干净。

M2-6 电子分析
天平的使用方法

4. 电子天平的维护与保养

① 电子天平应按计量部门规定定期校正，并有专人保管，负责维护保养。

② 经常保持天平内部清洁，必要时用软毛刷或绸布抹净或用无水乙醇擦净。

③ 天平内应放置干燥剂，常用变色硅胶，应定期更换。

5. 固体试样的称重方法

（1）固定质量称量法

固定质量称量法用于称取某一指定质量的物质，这种物质必须是没有吸湿性且不与空气作用的稳定粉末。

称量时，先将一个洁净干燥的表面皿（或小烧杯、硫酸纸、电光纸）放在秤盘中央，去皮，再小心地将试样加到表面皿上，在接近所需量时，应用食指轻弹药匙，使试样一点点地落入表面皿中，直至指定的质量为止。

称量结束后，将试样全部转入小烧杯中，如试样为可溶性盐类，最后应用洗瓶中的纯水将剩余粉末吹入小烧杯。

（2）递减称量法（减量法或差减法）

递减称量法是分析工作中最常用的一种方法，其称取试样的质量由两次称量之差而求得。该法称出的试样质量只需在要求的称量范围内，而不要求是固定的数值，通常用于称取易吸水、易氧化或易与 CO_2 反应的物质。递减称量法的视频通过扫描二维码 M2-7 观看。

M2-7 递减称量法

称量时，在洗净、烘干后的称量瓶中，装入略多于实验用的固体样品，用干净的纸条套住称量瓶或用带细砂的手套拿取，放到天平的秤盘中央，准确称其质量。然后，再用纸条将称量瓶套住，放在接收器的上方，使称量瓶倾斜，用称量瓶盖轻轻敲击瓶口上部，使试样慢慢落入容器中。用纸条夹取称量瓶、倾出试样的方法如图 2-26、图 2-27 所示。

当倾出的试样接近所要求的质量时（通常从体积上估取），慢慢将瓶口竖起，再轻敲瓶口上部，使黏附在瓶口的试样落下。盖好瓶盖再将称量瓶放回天平称量，两次称量的质量之差即为倾入接收器的试样质量。如此重复操作，直至倾出试样质量达到要求为止。

图 2-26　夹取称量瓶的方法　　　　　图 2-27　倾出试样的方法

按上述方法连续递减，即可称出若干份试样。

例如，称取四份试样，只需连续称量五次即可，记录方法见表 2-2。

表 2-2　称量试样的记录方法实例

试样编号	1#	2#	3#	4#
称量瓶与试样质量/g	18.6896	18.4783	18.2662	18.0550
倾出试样后称量瓶与试样质量/g	18.4783	18.2662	18.0550	17.8426
倾出试样质量/g	0.2113	0.2121	0.2112	0.2124

递减法称量时应注意：第一次倾出试样不足时，可重复上述操作直至倾出试样量符合要求为止（重复次数不宜超过三次），若倾出试样超过所要求数量，则只能弃去重称；称量瓶要在接收器的上方打开或盖上，以免黏附在瓶盖上的试样失落他处；纸带的宽度要小于称量瓶的高度，纸带不能接触瓶口，也应放在洁净的地方。

（3）直接称样法

对某些在空气中不吸湿、不反应的试样，可以用直接称样法称量，即将试样放在已知重量的干燥的表面皿或称量纸（硫酸纸）上，一次称取一定质量的样品。然后将试样全部转移到接收器中。

【任务实施】<<<←

主要任务：完成仪器的选择、检测、校准及洗涤
　　主要仪器：电子分析天平、称量瓶、表面皿、称量纸
　　药品：Na_2CO_3(固体)或$K_2Cr_2O_7$(固体)

直接称量法

1. 首先在托盘天平上粗称表面皿的质量，加上铜片后，再称一次，判断是否超出电子分析天平的量程。
2. 将表面皿放在电子分析天平上，待稳定后，去皮，将铜片放在表面皿上，稳定后读数即为铜片质量。

递减称量法

1. 从干燥器中取出称量瓶(怎样取？)，放在洁净的托盘天平上称其质量。然后，用牛角匙加入约2g固体Na_2CO_3粉末。
2. 将上述盛有Na_2CO_3试样的称量瓶在电子分析天平上准确称量质量。
3. 按递减称量法操作分别向已编号的4只小烧杯中敲入0.2～0.3g Na_2CO_3。

记录

直接称量法：铜片质量/g

递减称量法：

试样编号	1#	2#	3#	4#
称量瓶＋试样质量/g				
倾出试样后称量瓶＋试样质量/g				
倾出试样质量/g				

【注意事项】 <<<—

1. 天平在安装时已经过严格校准，故不可轻易移动天平，否则校准工作需重新进行。

2. 严禁不使用称量纸直接称量。每次称量后，应清洁天平，避免对天平造成污染而影响称量精度，影响他人的工作。

【问题讨论】 <<<—

1. 用分析天平称量前，初学者要先粗称有什么意义？

2. 在什么情况下选用递减称量法？什么情况下选用固定称量法？

任务三　溶液的配制

【任务描述】 <<<—

根据情境二任务一的要求，配置完成此任务所需的溶液。

【任务分析】 <<<—

在化学实验中会经常使用不同浓度的溶液参与反应，为保证实验安全顺利进行，需要先了解各种物质的性质，学会使用适宜的量器，配制符合实验要求的溶液。

【相关知识】 <<<—

一、玻璃量器的使用

玻璃量器是测量液体体积的仪器。实验室常用的玻璃量器分为两类：一类是准确测量液体体积的精密量器，如滴定管、吸管、容量瓶等；另一类是粗略测量液体体积的非精密量器（粗量器），如量筒、量杯（测量精度低于量筒）等。

玻璃量器按定量方式，分为量入式和量出式两种。量入式（标有 In 字样）指注入量器内的液体体积等于量器刻度所示的体积；量出式（标有 Ex 字样或无标记）是指从量器中倒出或流出液体的体积，等于刻度所示的体积。

玻璃量器按测量的准确度，为 A、B 两个等级。A 级准确度高，无标示者均为 B 级。

玻璃量器的规格以最大容量为标志，标有使用温度，不能加热，更不能用作反应容器使用。读取容量时，视线通常应与容器（竖直）凹液面的最低点保持水平。常见玻璃量器的分类见表 2-3。

表 2-3　玻璃量器的分类

量器的分类			用法	准确度等级	标称总容量/mL 或 cm³
滴定管	无塞、具塞、三通活塞、自动定零位滴定管		量出	A、B 级	5,10,25,50,100
	座式滴定管				1,2,5,10
分度吸管	完全流出式	有等待时间 15s	量出	A 级	1,2,5,10,25,50
		无等待时间		A、B 级	
	不完全流出式			B 级	0.1,0.2,0.25,0.5
				A、B 级	1,2,5,10,25,50
	吹出式			B 级	0.1,0.2,0.25,0.5,1,2,5,10
单标线吸管			量出	A、B 级	1,2,3,5,10,15,20,25,50,100
容量瓶			量入	A、B 级	1, 2, 5, 10, 25, 50, 100, 200, 250, 500, 1000,2000
量杯			量出	—	5,10,20,50,100,250,500,1000,2000
量筒	具塞		量入	—	5,10,25,50,100,200,250,500,1000,2000
	不具塞		量出、量入		

　　吸管和容量瓶在滴定分析中经常用到，正确使用这两种量器是滴定分析最重要的基本操作，也是获得准确分析结果的必要条件。

　　1. 吸管

　　吸管是用来准确移取一定体积液体的玻璃量器，分为移液管（单标线的吸管）和吸量管（具有均匀刻度的吸管）两类。移液管是一根细长而中间膨大的玻璃管，在管的上端有一环形标线，表示在一定温度下（一般是 20℃）移出的液体体积，该体积刻在中部膨胀部分上，常用的有 5mL、10mL、25mL、50mL 等；吸量管是带有刻度的玻璃管，用以移取不同体积液体，常用的有 0.1mL、0.5mL、1.2mL、5mL、10mL 等，如图 2-28 所示。

　　(1) 吸管的润洗

　　用吸管移取溶液前，应先将吸管洗净，并用滤纸将管尖端内外的水除去，然后用少量待移取溶液润洗三次，所用溶液每次约为全管的 1/5 左右。要注意先挤出洗耳球内空气，再按在吸管上立即吸取，防止管内水分流入试剂中。

　　(2) 吸取溶液

　　以移液管为例，用右手食指和中指拿住移液管上端，将移液管插入待吸溶液液面下 1～2cm 处，左手捏瘪洗耳球，按紧在移液管口，然后慢慢吸液，如图 2-28 所示。待溶液上升至标线以上时，迅速移去洗耳球，用右手食指按住管口，将移液管提离液面，使出口尖端接触容器内壁，管身垂直，标线与视线水平，微微松动食指，用拇指和中指轻轻捻转移液管，使液面慢慢下降，直到弯月面下线与标线相切，立即按紧食指，使溶液不再流出。将移液管插入准备接收溶液的容器中，使出口尖端接触容器内壁，容器稍倾斜，移液管保持垂直，松开食指，使溶液自然流出，如图 2-29 所示。待溶液面下降到管口后，再等待 15s，取出移液管。

　　完全流出式吸管与移液管的使用方法相同；吹出式吸量管有"吹"字，在放完溶液后，

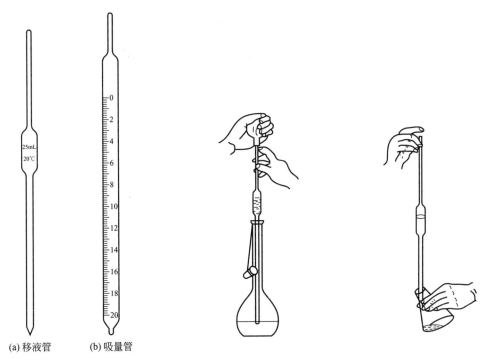

(a) 移液管　　(b) 吸量管

图 2-28　移液管、吸量管

图 2-29　吸取、放出溶液

随即吹出尖口端溶液；不完全流出式吸量管，溶液流至最低标线即应停止，不可将溶液全部放出。

（3）使用注意事项

在使用吸量管吸取溶液时，每次都应从最上的刻度为始点，放出所需溶液的体积。

在同一实验中，应尽量使用同一支吸量管的同一段，而且尽可能使用上端部分，这样可以减少误差。

移液管和吸量管使用完毕，应立即洗涤干净，放到指定的管架上。

2．容量瓶

容量瓶主要用于配制标准滴定溶液或样品溶液，也可用来将一定量的浓溶液稀释成准确体积的稀溶液。容量瓶是细颈梨形的平底玻璃瓶，带有磨口塞或塑料塞，瓶颈上刻有环形标线，在指定温度（一般为20℃）下，当溶液充满至标线时，所容纳液体的体积为瓶上所标示的体积。常用容量瓶的规格有 25mL、50mL、100mL、250mL、500mL、1000mL 等，分为无色和棕色两种。标准溶液的配制方法视频通过扫描二维码 M2-8 观看。

（1）试漏

容量瓶在使用前要试漏，方法是向瓶中加注自来水至标线附近，把口、塞擦净并盖好瓶塞，用食指按住瓶塞，另一手托住瓶底，将瓶倒置 2min，然后用滤纸擦拭瓶口，若不渗水，将瓶塞旋转 180°塞紧，再试一次，不漏才能使用。

M2-8　标准溶液
的配制方法

（2）配制溶液

先将称量好的固体（或量取好的液体）试样在烧杯中溶解（或稀释）；待恢复至室温后，

才能将溶液转移至容量瓶中，转移时玻璃棒的下端靠住颈内壁，上端不碰瓶口，以免溶液溢出，待溶液全部流完后，将烧杯嘴紧靠玻璃棒向上慢慢提起，直立烧杯，使附在烧杯嘴上的少许溶液流入烧杯，再将玻璃棒放回烧杯内，然后用少量蒸馏水冲洗玻璃棒和烧杯内壁，并按上述方法转移至容量瓶中，如此重复5～6次；加注蒸馏水距标线1～2cm时，改用滴管（或洗瓶）定容至弯月面下缘与标线相切为止；盖好瓶塞，反复倒转十余次，使溶液混合均匀。溶液的配制过程如图2-30所示。

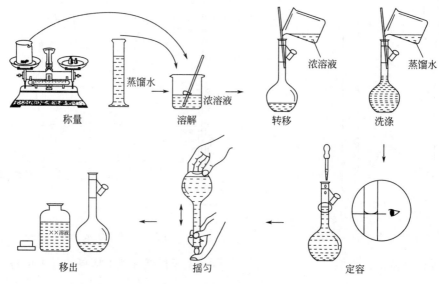

图 2-30 溶液配制过程

（3）使用注意事项

① 洗净的容量瓶倒出水后，内壁不挂水珠，否则，需用洗涤液浸泡洗涤，再依次用自来水、蒸馏水洗净，但不能刷洗。

② 容量瓶不宜长时间存放溶液，如保存溶液应转移到洁净、干燥（或用少量该溶液刷洗三次后）的试剂瓶中。

③ 容量瓶用毕应立即洗净，如长期不用，应擦干磨口，用纸片将口、塞隔开，以免久置黏结。

④ 容量瓶不得盛放热溶液，也不能放在烘箱内干燥。

二、溶解与搅拌

在化学实验中，为使反应物混合均匀、充分接触、迅速反应，常常需要将固体物质溶解，配成溶液。搅拌可以加快物质的溶解速度，也可以使加热、冷却及化学反应体系中温度均匀。

1. 溶解

溶解是溶质在溶剂中分散形成溶液的过程。溶解包括两个过程：一是溶质分子（或离子）的扩散过程，这个过程是吸热的物理过程；另一个是溶质分子（或离子）与溶剂分子作用，如与水溶剂形成水合分子（或水合离子）的过程，这个过程是放热的化学过程。因此溶解过程往往是有吸热或放热现象发生的物理化学过程。

2. 溶解度

溶解量的多少常用溶解度表示。溶解度是指在一定的温度和压力下，物质在一定量溶剂里溶解的最高限量（即饱和溶液）。

固体和液体溶质一般用100g溶剂所能溶解的最多质量来表示；难溶物常用摩尔分数、物质的量浓度或1L溶剂中所能溶解的最多质量来表示；气体溶质一般用单位体积溶剂里可溶解的气体标准体积来表示。

溶解度的大小首先与溶剂和溶液的性质有关，遵守"相似相溶"规律，即"结构相似的物质，易于互相溶解""极性分子易溶于极性溶剂中，非极性分子易溶于非极性溶剂中"。这是由于这样溶解的前后，分子间力变化较小的缘故，其次溶解度还与温度和压力等外界因素有关。

3. 溶剂的选择

溶解前，应根据溶解的目的，选择适当的溶剂。一般无机物常用水作溶剂，有机物常用有机溶剂，一些难溶物质可用酸、碱或混合溶剂。

例如：水可作为可溶盐（硝酸盐、铵盐、乙酸盐、大部分金属氯化物及硫酸盐等）和绝大部分碱金属化合物的溶剂；利用酸（盐酸、硝酸、硫酸、磷酸、高氯酸、氢氟酸及王水等）的酸性、氧化还原性或配位性来溶解钢铁、合金、部分金属硫化物、氧化物、碳酸盐和磷酸盐等；利用碱（NaOH、KOH）来溶解金属铝、锌及其氧化物、氢化物等。

4. 搅拌

搅拌是通过搅拌器发生某种循环，可应用于相溶性液体的匀质，以及对液体中的固体颗粒溶解与混合。对于化学反应，搅拌可使反应物充分混合、受热均匀，缩短反应时间、提高反应产率。化学实验室常用的搅拌器有玻璃棒搅拌器、电动搅拌器和磁力搅拌器。

（1）玻璃棒搅拌器

玻璃棒搅拌器是实验室中最简单、最常用的一种搅拌器具。使用时，应手持玻璃棒上部并用腕部轻轻均匀转动，勿使玻璃棒接触烧杯，以防碰破玻璃壁。也可用两端封死的玻璃管代替玻璃棒。

（2）电动搅拌器

当实验中需要快速、匀速搅拌或长时间搅拌时，可使用电动搅拌器。电动搅拌器主要包括电动机、搅拌桨和搅拌密封装置三部分，主要结构如图2-31所示。

搅拌器电动机是动力部分，固定在支架上，由调速器调节其转动快慢。搅拌桨与电动机相连，当接通电源后，电动机就带动搅拌桨转动而进行搅拌。搅拌密封装置是搅拌桨与反应器连接的装置，它可以使反应在密封体系中进行。

搅拌的效率在很大程度上取决于搅拌桨的结构，搅拌桨可由玻璃、塑料或金属加工而成，有不同的类型。应根据反应器的大小、形状、瓶口的大小及反应条件的要求，选择较为合适的搅拌桨。常见的搅拌桨类型如图2-32所示。

搅拌桨与搅拌器扎头连接时，先在扎头中插入一段3～4cm长的玻璃棒或金属棒，然后再用胶管与搅拌桨相连，如图2-33所示。

使用电动搅拌器时应注意以下几点。

① 搅拌烧瓶中的物料时，需要在瓶中装一个能插进长3～5cm玻璃管的胶塞，搅拌桨穿过玻璃管与扎头相连。搅拌烧杯中的物料时，插玻璃管的胶塞夹在大烧瓶夹上，使搅拌稳定。

② 搅拌桨要装正、装牢，不能接触容器壁。启动前先用手转动搅拌桨，观察是否合格。

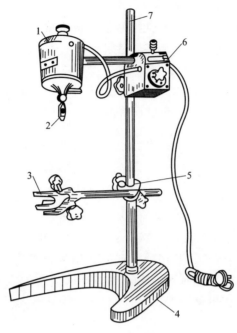

图 2-31　小型电动搅拌器

1—微型电动机；2—搅拌器扎头；3—烧瓶夹；4—底座；

5—十字双凹夹；6—转速调节器；7—支柱

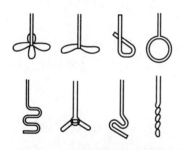

图 2-32　常用的搅拌桨类型

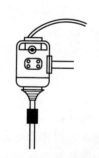

图 2-33　搅拌桨的连接

③ 使用时，要慢速启动，再逐渐调至正常，勿使液体飞溅。停用时也要逐步减速。

④ 电动搅拌器运转中，实验人员不得远离，以防电压不稳或其他原因造成仪器损坏。

⑤ 不能超负荷运转。长时间连续运转会使电机发热，一般电机工作温度不能超过 60℃（有烫手感）。必要时可用电风扇散热或停歇一段时间再用。

（3）磁力搅拌器

磁力搅拌器主要用于搅拌或同时加热搅拌低黏稠度的液体或固液混合物。磁力搅拌器利用磁铁转动产生的旋转磁场带动玻璃容器中的磁子进行圆周运转而达到搅拌的目的，其结构如图 2-34 所示。磁力搅拌器的使用方法视频通过扫描二维码 M2-9 观看。

磁子是一小块金属用一层惰性材料（如聚四氟乙烯等）包裹制成的。磁子的大小大约有 10mm、20mm、30mm 长不等，磁子的形状有圆柱形、椭圆形和圆形等，可以根据实验器皿的大小、溶液的多少来选用。磁力搅

M2-9　磁力搅拌器
的使用方法

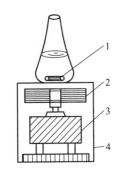

图 2-34　磁力搅拌装置

1—磁子；2—磁铁；3—电动机；

4—外壳

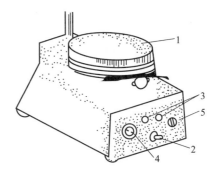

图 2-35　磁力加热搅拌器

1—磁场盘；2—电源开关；3—指示灯；

4—调速调节旋钮；5—加热调节旋钮

拌器适于少量低黏度液体的搅拌，尤其是滴定分析中代替手摇锥形瓶操作。

有的磁力搅拌器内部还装有加热装置，如图 2-35 所示，其加热温度可达 80℃。

使用磁力搅拌器时应注意以下几点。

① 磁力搅拌器工作时必须接地。

② 磁子要轻轻地沿器壁放入。

③ 调速时应由低速逐步调至高速，最好不要高速挡直接启动，以免搅拌与磁子不同步，引起跳动。

④ 搅拌时应逐渐增速至正常，如磁子不停跳动，应将旋钮旋至停位，待磁子不跳动后再逐步加速。

⑤ 实验结束后，要洗净磁子保存，防止丢失。

三、配制溶液

在化学上，用化学药品和溶剂（一般是水）配制成实验需要浓度的溶液的过程就叫做配制溶液。固体试剂用托盘天平、电子天平称量，液体试剂用量筒量取。

1. 一般溶液的配制

用固体或液体试剂配制一般溶液时，常用的配制方法有直接水溶法（如 NaCl、$H_2C_2O_4$ 等不发生水解的试剂），介质水溶法［如 $SnCl_2$、$Al_2(SO_4)_3$、$Bi(NO_3)_3$、$FeCl_3$、NaCN 等易水解试剂，应先加入适量浓度的酸或碱使之溶解，再稀释］和稀释法（如盐酸、硫酸、氨水等）。

例如，配制指定物质的量浓度（c_B），指定体积（V）的水溶液基本步骤为：

① 计算：溶质的质量（公式：$m_B = c_B V M_B$；$V = m/\rho$；$c_1 V_1 = c_2 V_2$）。

② 称量、量取：用托盘天平称量固体，用量筒量取水。

③ 溶解：将水放入烧杯中，固体加入到水中，搅拌混合均匀。

④ 将配制好的溶液装入试剂瓶，贴好标签。

应当注意：当配制硫酸溶液时，应将浓硫酸沿玻璃棒慢慢倒入烧杯中，并不断搅拌，切勿将水倒入浓硫酸中。

2. 标准溶液的配制

配制一定准确浓度的溶液时，则要求用分析天平或移液管来称量固体或液体溶质，用容量瓶定容，然后按照"计算、称量、溶解、定容"的步骤完成配制过程。

【任务实施】 ‹‹‹←

| 仪器、药品准备 | 主要仪器：托盘天平、分析天平、容量瓶、量筒、试剂瓶、烧杯、玻璃棒等
药品：浓硫酸、Na_2CO_3(固体)、蒸馏水 |

| 配制 H_2SO_4 溶液 | 计算配制100mL 3mol/L H_2SO_4溶液所需浓硫酸的体积，用量筒取所需的浓硫酸，沿玻璃棒倒入盛有40mL蒸馏水的小烧杯中，边倒边搅拌，使其混合均匀，冷却至室温后，转移至100mL容量瓶中，用少量蒸馏水洗涤烧杯、玻璃棒2～3次，并入容量瓶中，然后蒸馏水定容(怎样操作？)，摇匀后，装入试剂瓶。
瓶签上标明：试剂名称、浓度、配制日期、班级及配制者姓名。 |

| 配制 Na_2CO_3 溶液 | 计算配制20mL 10% Na_2CO_3溶液所需碳酸钠的质量和水的体积，用天平称取一定量的固体碳酸钠，用量筒量取一定体积的水，在烧杯中溶解，完全溶解后，装入试剂瓶。
瓶签上标明：试剂名称、浓度、配制日期、班级及配制者姓名。 |

【注意事项】 ‹‹‹←

1. 要注意计算的准确性。

2. 稀释浓硫酸是把酸加入水中，用玻璃棒搅拌。

3. 容量瓶在使用前必须试漏，试漏的步骤为注入自来水至标线附近，盖好瓶塞，右手托住瓶底，倒立 2min，观察瓶塞是否渗水。如不漏，将塞子旋转 180°，再试漏，如漏水，需换一套容量瓶，再试漏。

4. 在配制由浓液体稀释而来的溶液时，如由浓硫酸配制稀硫酸时，不应该洗涤用来称量浓硫酸的量筒，因为量筒在设计的时候已经考虑到了有剩余液体的现象，以免造成溶液物质的量的大小发生变化。

5. 移液前应静置至溶液温度恢复到室温（如氢氧化钠固体溶于水放热，浓硫酸稀释放热，硝酸铵固体溶于水吸热），以免造成容量瓶的热胀冷缩。

【问题讨论】 ‹‹‹←

1. 玻璃量器分几个等级？国标规定玻璃量器的标准温度是多少？

2. 移液管在移取溶液前为什么要用少量待移取溶液润洗三次？怎样操作？

3. 使用吸液管时应怎样吸取溶液、调整液面和放出溶液？

4. 容量瓶如何试漏？配制标准溶液有哪些步骤？简述操作要点。

5. 用容量瓶配制溶液时，要不要先干燥容量瓶？

化学实验操作

任务一 硫酸亚铁铵的制备

硫酸亚铁铵，俗名为摩尔盐，分子式为 $(NH_4)_2Fe(SO_4)_2 \cdot 6H_2O$，是浅蓝绿色结晶或粉末，易溶于水，难溶于乙醇，在空气中不易被氧化，在化学分析中常被选作氧化还原滴定法的基准物，用来直接配制标准溶液或标定未知溶液的浓度。

硫酸亚铁铵是一种重要的化工原料，用途十分广泛。它可以作净水剂；在无机化学工业中，它是制取其他铁化合物的原料，如用于制造氧化铁系颜料、磁性材料、黄血盐和其他铁盐等；它还有许多方面的直接应用，如可用作印染工业的媒染剂，制革工业中用于鞣革，木材工业中用作防腐剂，医药中用于治疗缺铁性贫血，农业中施用于缺铁性土壤，畜牧业中用作饲料添加剂等。

【任务描述】 ❮❮←—

以铁屑、稀硫酸、$(NH_4)_2SO_4$ 等为主要原料，选择合适的反应装置，利用洗涤、过滤、蒸发、结晶等基本操作，在给定的时间内，制备结晶状的硫酸亚铁铵复盐，产率在 $60\%\sim80\%$ 范围内。

【任务分析】 ❮❮←—

由硫酸铵、硫酸亚铁和硫酸亚铁铵在水中的溶解度数据可知，在一定温度范围内，硫酸亚铁铵复盐的溶解度比组成它的简单盐的溶解度都小，因此，很容易从浓的硫酸亚铁和硫酸铵混合溶液中制得结晶状的硫酸亚铁铵复盐。

在制备过程中，为了使 Fe^{2+} 不被氧化和水解，溶液需要保持足够的酸度。其反应式为：

$$FeSO_4 + (NH_4)_2SO_4 + 6H_2O \longrightarrow FeSO_4 \cdot (NH_4)_2SO_4 \cdot 6H_2O$$

$FeSO_4$ 可用铁屑与稀硫酸作用制得：

$$Fe + H_2SO_4 \longrightarrow FeSO_4 + H_2\uparrow$$

由于硫酸亚铁铵的溶解度比硫酸亚铁和硫酸铵都小，在蒸发、冷却后，通过结晶便可从混合溶液中析出。

$(NH_4)_2SO_4$、$FeSO_4 \cdot 7H_2O$、$FeSO_4 \cdot (NH_4)_2SO_4 \cdot 6H_2O$ 三种化合物在不同温度下的溶解度见表 3-1。

表 3-1　几种无机物的溶解度　　　　　　　　　　单位：g/100g 水

化合物	10℃	20℃	30℃	50℃	70℃
$(NH_4)_2SO_4$	73.0	75.4	78.1	84.5	91.9
$FeSO_4 \cdot 7H_2O$	20.5	26.6	33.2	48.6	56.0
$FeSO_4 \cdot (NH_4)_2SO_4 \cdot 6H_2O$	18.1	21.2	24.5	31.3	38.5

【相关知识】 <<←

一、物质的制备过程

物质的制备就是利用化学方法将单质、简单的无机物或有机物合成较复杂的无机物或有机物的过程；或者将较复杂的物质分解成较简单的物质的过程；以及从天然产物中提取出某一组分或对天然物质进行加工处理的过程。

自然界蕴藏着矿产资源、石油、天然气和无尽的动植物资源。正是这些物质养育了人类，给人类社会带来了现代文明和繁荣。但是天然存在的物质数量虽多，种类却有限，而且大多以复杂形式存在，难以满足现代科学技术、工农业生产以及人们日常生活的需求。于是人们就设法制备所需要的各类物质，如医药、染料、化肥、食品添加剂、农用杀虫剂、各种高分子材料等。可以说，当今人类社会的生存和发展，已离不开物质的制备技术。因此，熟悉、掌握物质制备的原理、技术和方法是化学、化工专业学生必须具备的基本技能。

欲制备一种物质，首先要选择正确的制备路线与合适的反应装置。制得的物质往往是多种物质共存的混合物，还需通过适当的手段对物质进行分离和净化，才能得到纯度较高的产品。

1. 制备路线的选择

一种化合物的制备路线可能有多种，但并非所有的路线都能适用于实验室或工业生产。选择正确的制备路线是极为重要的。比较理想的制备路线应具备下列条件：

① 原料资源丰富，便宜易得，生产成本低；

② 副反应少，产物容易纯化，总收率高；

③ 反应步骤少，时间短，能耗低，条件温和，设备简单，操作安全方便；

④ 不产生公害，不污染环境，副产品可综合利用。

在物质的制备过程中，还经常需要应用一些酸、碱及各种溶剂作为反应的介质或精制的辅助材料。如能减少这些材料的用量或用后能够回收，便可节省费用，降低成本。另外，制备中如能采取必要措施避免或减少副反应的发生及产品纯化过程中的损失，就可有效地提高产品的收率。总之，选择一个合理的制备路线，根据不同的原料有不同的方法，何种方法比较优越，需要综合考虑各方面的因素，最后确定一个效益较高、切实可行的路线和方法。

2. 原料预处理

在实验前，原料的选择和预处理是较好完成实验必不可少的步骤，尤其是获取的实验原料存在杂质较多、颗粒不均等现象时，应对其进行相应的处理，例如采用筛选、粉碎、烘干、酸（碱）洗、溶解、过滤等方法，既可提纯原料，又能达到不引入杂质的目的。

3. 反应装置的选择

选择合适的反应装置是保证实验顺利进行和成功的重要前提。制备实验的装置是根据制备反应的需要来选择的，根据反应条件的不同、反应原料和反应产物性质的不同，选择不同的实验装置。实验室中，简单的无机物的制备多在水溶液中进行，常用烧杯或锥形瓶作反应容器，配以必要的加热、测温及搅拌装置。除少数有毒气体制备或无水物质的制备需在通风橱中或密封装置中进行外，一般不需要特殊装置。有机物制备，由于反应时间长、溶剂易挥发等特点，多需采用回流装置。回流装置类型较多，如：普通回流装置，带有气体吸收的回流装置，带有干燥管的回流装置，带有水分离器的回流装置，带有电动搅拌、滴加物料及测温仪的回流装置等。应根据反应的不同要求，正确地进行选择。

4. 精制方法的选择

化学合成的产物常常是与过剩的原料、溶剂和副产物混杂在一起的。要得到纯度较高的产品，还需进行精制。精制的实质就是把所需要的反应产物与杂质分离开来，这就需要根据反应产物与杂质理化性质的差异，选择适当的混合物分离技术。一般气体产物中的杂质，可通过装有液体或固体吸收剂的洗涤瓶或洗涤塔除去；液体产物则可借助萃取或蒸馏的方法进行纯化；固体产物则可利用沉淀分离、重结晶或升华的方法进行精制。有时还可通过离子交换或色层分离的方法来达到纯化物质的目的。

二、蒸发与结晶

1. 蒸发

含有不挥发溶质的溶液，其溶剂在液体表面发生汽化的现象叫蒸发。通过蒸发可以提高溶液的浓度或使溶质从溶液中析出，故蒸发又叫浓缩。溶液的表面积大，温度高，溶剂的蒸气压大，则蒸发快。导入空气流或减压，也可加速蒸发。实验中应根据溶质的热稳定性和溶剂的性质来选择不同的蒸发方式。

水溶剂蒸发常在蒸发皿中进行。其表面积大，蒸发快。但液体量不能多于 2/3，以防溅出。溶液很稀时，可先放在石棉网上或泥三角上用明火加热，再放在水浴上蒸发。

有机溶剂蒸发要注意防爆，故常置于锥形瓶或烧杯内在通风橱中进行。常用水浴加热，加入沸石，可防暴沸。

用旋转蒸发器（薄膜蒸发器）进行蒸发快速而方便，常用于浓缩、干燥和回收溶剂。烧瓶在减压下一边旋转，一边受热。溶液在烧瓶内壁呈液膜状态，因而具有蒸发面积大、蒸发效率高及不会产生暴沸的特点。

2. 结晶

物质从溶液中形成晶体的过程叫结晶。结晶是提纯固态物质的一种重要方法。

结晶有两种方法：一种是通过蒸发，减少溶剂，使溶液达到过饱和而析出结晶，这种方法适用于溶解度随温度变化不大，即溶解度曲线比较平坦的物质，如 NaCl、KCl 等，通常需要在晶体析出后继续蒸发至母液呈稀粥状后再冷却，才能获得较多的晶体；另一种是通过冷却降温，使溶液达到过饱和而析出结晶，这种方法主要用于溶解度随温度降低而显著减小，即溶解度曲线很陡的物质，如 KNO_3、$NaNO_3$、NH_4NO_3 等多数无机物属于此类。实验中，常将这类物质的溶液加热至饱和后，再冷却。如果溶液中同时含有几种物质，则可以利用同一温度下，不同物质溶解度的明显差异，通过分步结晶将其分离，NaCl 和 KNO_3 的分离就是一例。

结晶颗粒的大小影响晶体的纯度；小晶体形成快，纯度高，但不易过滤分离；大晶体易过滤，但形成慢，且易裹入母液或其他杂质。因此，结晶颗粒应大小适宜且均匀。

结晶颗粒的大小与溶液的过饱和程度和冷却速度有关，如果溶液的过饱和程度大，形成晶核较多，当快速降温同时强烈搅拌时，则形成细小晶体；若溶液过饱和程度低，形成晶核较少，当溶液慢慢冷却同时加以适当搅拌，就能得到较大颗粒的晶体。通常，可通过在过饱和溶液中加入"晶种"（投入少量溶质小晶粒）、搅拌溶液或摩擦器壁的方法促其形成结晶。

为了得到纯度较高的晶体，可采用重结晶操作。重结晶是将晶体溶于溶剂或熔融以后，又重新从溶液或熔体中结晶的过程。重结晶可以使不纯净的物质获得纯化，或使混合在一起的盐类彼此分离。

三、固-液分离

实验室固-液分离方法根据沉淀的性质及实验的需要，常用的有倾析法、过滤法和离心法三种。

1. 倾析法

当沉淀的密度或颗粒较大，静置后容易沉降至容器底部时，常用倾析法将沉淀与母液快速进行分离。

操作时，先将混合物静置，待沉淀完全沉降后，将沉淀上层的清液沿玻璃棒小心地倾入另一容器内，使沉淀仍留在原容器中，如图 3-1 所示。

图 3-1　倾析法过滤

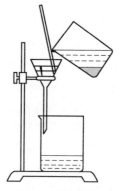

图 3-2　普通过滤

若沉淀需要洗涤，需向倾去清液的沉淀中，加入少量洗涤液（一般为蒸馏水），充分搅动后静置沉降，然后用倾析法将清液倾出，如此重复操作三遍，即可洗净沉淀。

2. 过滤法

过滤法是固-液分离最常用的方法。过滤时，沉淀留在过滤器上，溶液则通过过滤器，所得溶液称为滤液。影响过滤速率的因素有很多，黏度小、温度高、过滤器的孔隙大或采用减压过滤，可以增大滤速。若沉淀呈胶体时，应先加热一段时间将其破坏，否则会穿透滤纸。在过滤时，必须考虑上述因素。

滤纸是实验室常用的过滤器，国产滤纸按用途分为定性滤纸（用于定性分析和分离中）和定量滤纸（用于精密的定量分析中），按孔隙大小可分为"快速""中速"和"慢速"三种，按直径又分为 7cm、9cm、11cm 等几种。实验时可根据需要选用。常用的过滤方法有普通过滤、减压过滤和热过滤。

（1）普通过滤

普通过滤使用的过滤器是贴有滤纸的玻璃漏斗，装置如图 3-2 所示。

过滤前先将滤纸对折两次（第二次不要折死），并展开呈圆锥形（一边三层，另一边一层）放入漏斗中，同时适当改变折叠角度，使之紧贴漏斗，如图3-3所示。若在三层一边的外两层撕去一小角，滤纸与漏斗能密合得更好。滤纸边缘应低于漏斗边缘0.3～0.5cm。然后用食指把滤纸按在漏斗内壁上，用少量蒸馏水润湿滤纸，再用玻璃棒轻压四周，赶出气泡，使过滤通畅。

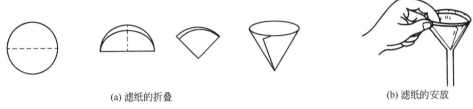

(a) 滤纸的折叠　　　　　　　　　　　　(b) 滤纸的安放

图 3-3　普通过滤滤纸的折叠与安放

过滤时，将贴有滤纸的漏斗放在漏斗架上，并使漏斗颈下部尖端紧靠接收器内壁。玻璃棒轻靠三层滤纸一边，盛料液的烧杯紧靠玻璃棒，缓缓倾入漏斗中，液面应低于滤纸边缘约1cm。转移完毕，用少量蒸馏水洗涤烧杯和玻璃棒，洗涤液也移至漏斗中，最后用洗瓶中少量蒸馏水做螺旋向下运动，冲洗滤纸和沉淀。

为了加快过滤，一般都先采用倾析过滤法。即先转移清液，再转移沉淀物，最后洗涤沉淀1～2次。

（2）减压过滤

减压过滤也称吸滤或抽滤，是通过抽出过滤介质上面的气体，形成负压，借助大气压力来加快过滤的一种方法。减压过滤操作视频通过扫描二维码M3-1观看。

M3-1　减压过滤操作

减压过滤装置由吸滤瓶、布氏漏斗、安全瓶、抽气管（真空泵）组成，基本结构如图3-4所示。

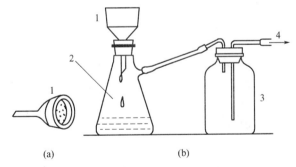

(a)　　　　　　　　　(b)

图 3-4　减压过滤装置

1—布氏漏斗；2—吸滤瓶；3—安全缓冲瓶；4—接真空泵

布氏漏斗是中间具有许多小孔的瓷质过滤器，漏斗颈部配装与吸滤瓶口径匹配的橡胶塞，塞子塞进吸滤瓶的部分不超过塞子的1/2。吸滤瓶是用来承接滤液的。安全瓶可防止水压变动时，自来水被倒吸入吸滤瓶中，污染滤液。如果不要滤液，可不装安全瓶。

吸滤操作的具体步骤如下。

① 安装仪器。安全瓶的长管接真空泵，布氏漏斗颈口斜面与吸滤瓶支口相对。

② 贴好滤纸。滤纸应略小于布氏漏斗内径，能盖住瓷板上的小孔即可。先用少量蒸馏

水润湿滤纸，再开真空泵，使滤纸贴紧。

③ 吸滤。过滤时，采用倾析法，先将上层清液沿玻璃棒倒入漏斗中，再将沉淀移入漏斗中部（为尽快抽干，可用一个干净的平顶瓶塞挤压沉淀）。当滤液快上升至吸滤瓶支口处时，应拔去吸滤瓶上的橡胶管，取下漏斗，从吸滤瓶上口倒出滤液后，再继续吸滤。

④ 停止抽滤。要先打开安全瓶活塞，再关真空泵。若在布氏漏斗内洗涤沉淀，应先让少量洗涤液慢慢浸过沉淀，然后再抽滤。

⑤ 取出沉淀。应将漏斗颈口朝上，轻轻敲打漏斗边缘，或在颈口用力一吹，即可使滤饼脱离漏斗，落入事先准备好的滤纸或容器中。

减压过滤不适合过滤胶状沉淀或很细的沉淀。强酸、强碱、强氧化性溶液能破坏滤纸，故需采取特别措施，如可用玻璃布、涤纶布、石棉纤维（弃去沉淀时用）代替滤纸。

对强酸性或强氧化性物质，可用玻璃砂芯坩埚或玻璃砂芯漏斗过滤，如图 3-5 所示。砂芯底板是用玻璃砂烧结成的多孔玻璃片。玻璃砂芯按微孔从大到小分为 1～6 号，可根据需要选用。

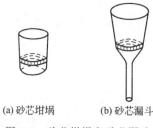

(a) 砂芯坩埚　　　(b) 砂芯漏斗

图 3-5　砂芯坩埚和砂芯漏斗

实验室常用的真空泵是机械真空泵和水环真空泵，如图 3-6 和图 3-7 所示。单级机械泵能达到的极限压力为 $1.33～0.133Pa$，欲达到更高的真空度，可采用双级泵结构。

图 3-6　机械真空泵

图 3-7　水环真空泵

使用真空泵时应注意以下几点。

① 要断续启动电机，确定正向旋转后才能连续运转。

② 正常运转时，有轻微的阀片启闭声。

③ 使用中，操作人员不能离开，若泵突然停转或停电，要迅速关闭真空系统并打开进气活塞。

④ 泵的工作温度不能超过 75℃。

⑤ 机械泵不能抽腐蚀性、与油能反应或含有颗粒尘埃的气体；也不能抽含有可凝性蒸

气（如水蒸气）的气体，否则应在泵进口前安装吸收瓶。

（3）热过滤

当需除去浓溶液中的不溶性杂质，又不致析出溶质结晶时，常采用热过滤法。热过滤要用短颈漏斗。若溶液量较少，可用热溶剂或烘箱预热漏斗后，再过滤。为增大滤速，可叠成褶纹滤纸，如图3-8所示。

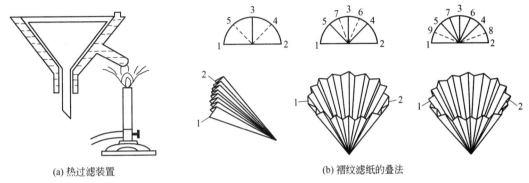

(a) 热过滤装置　　　　　　　　　　(b) 褶纹滤纸的叠法

图3-8　热过滤装置及滤纸的叠法

若溶液量较多，可把玻璃漏斗放入铜质保温（热滤）漏斗内过滤，热滤漏斗夹套内充水约为2/3，过多，则滤液受热易溢出。

3．离心法

试管中少量溶液与沉淀的迅速分离常用离心分离法，操作简单而迅速。实验室常用的离心机有手摇和电动两种，如图3-9和图3-10所示。

图3-9　手摇离心机　　　　　　　图3-10　电动离心机

操作时，将盛有沉淀的小试管或离心试管放入离心机的试管套内，与之相对的另一试管套内也要装入一支盛有相等体积的试管，以保持平衡。然后慢慢启动离心机，逐渐加速。1~2min后旋转按钮至停位，让其自然停下。应当注意，在任何情况下，都不能猛力启动离心机，或用手按住离心机的轴，强制其停止，以免损坏离心机或发生危险。

离心完毕，取出试管。用手指捏紧滴管的橡胶头，将滴管插至液面以下，小心吸出上层清液，完成分离操作。若沉淀需要洗涤，则加少量蒸馏水或指定电解质溶液，搅拌，再离心分离。重复2~3次即可。

四、试纸的使用

试纸是用浸渍了指示剂或液体试剂的滤纸制成的。试纸用来定性检验一些溶液的性质或某些物质的存在，其制作简易，反应快速，使用方便，但必须密封保存，以防被实验室里的气体或其他物质污染而变质、失效。

试纸的种类很多，化学实验室常用的有酸碱试纸和特性试纸。

1. 酸碱试纸

酸碱性试纸是用来检验溶液酸碱性的，常见的有 pH 试纸、石蕊试纸和其他试纸。

（1）pH 试纸

有商品出售，国产 pH 试纸分广泛 pH 试纸和精密 pH 试纸两类。

广泛 pH 试纸按变色范围分为 $1\sim10$、$1\sim12$、$1\sim14$、$9\sim14$ 四种，可以识别的 pH 值差值为 1，最常用的是 $1\sim14$ 的 pH 试纸。

精密 pH 试纸按变色范围分很多种，如 pH 值为 $2.7\sim4.7$、$3.8\sim5.4$、$5.4\sim7.0$、$6.8\sim8.4$、$8.2\sim10.0$、$9.5\sim13.0$ 等。

（2）石蕊试纸

有商品出售，分红色和蓝色两种。酸性溶液使蓝色试纸变红，碱性溶液使红色试纸变蓝。

（3）其他试纸

酚酞试纸，白色，遇碱性溶液变红；苯胺黄试纸，黄色，遇酸性溶液变红；中性红试纸，有黄红两种，黄色试纸遇碱性溶液变红，遇强酸变蓝，红色试纸遇碱变黄，遇强酸变蓝。

2. 特性试纸

特性试纸一般为自制的专用试纸，常用特性试纸的制备及用途见表 3-2。

表 3-2　常用特性试纸的制备及用途

试纸名称	制备方法	用途	原理示例
淀粉碘化钾试纸	3g 淀粉溶于 25mL 水中，再倾入 225mL 沸水中，然后，加 1g KI 和 1g Na_2CO_3 用水稀释成 500mL。将滤纸浸渍后，在阴凉处晾干，剪成条状贮于棕色瓶中	检验 Cl_2、Br_2、NO_2、O_2、$HClO$ 等氧化剂。存在氧化剂，则白色试纸变蓝	$2I^- + Cl_2 \longrightarrow I_2 + 2Cl^-$ $I_2 +$ 淀粉溶液 $\longrightarrow$ 蓝色
乙酸铅试纸	用 3% 的 $Pb(Ac)_2$ 溶液浸渍滤纸，在无 H_2S 环境中晾干	检验 H_2S 是否存在。存在 H_2S，则无色滤纸变黑	$Pb(Ac)_2 + H_2S \longrightarrow$ $PbS\downarrow + 2HAc$ 黑褐色
硝酸银试纸	用 2.5% 的 $AgNO_3$ 溶液浸渍滤纸，取出晾干后，剪成条状保存于棕色瓶中	检验 AsH_3 气体是否存在。存在 AsH_3，则黄色试纸变黑	$AsH_3 + 6AgNO_3 + 3H_2O \longrightarrow$ $6Ag + 6HNO_3 + H_3AsO_3$ 黑斑
电极试纸	1g 酚酞溶于 100mL 乙醇中，5g NaCl 溶于 100mL 水中。将两溶液等体积混合。将滤纸浸渍后晾干	检验电池的电极，润湿后，接到电池两极上，负极处由无色变为红色	电解： $2NaCl + 2H_2O \longrightarrow 2NaOH + H_2\uparrow + Cl_2\uparrow$ NaOH + 酚酞溶液 $\longrightarrow$ 红色

3. 试纸的使用方法

（1）石蕊试纸或酚酞试纸

使用石蕊试纸或酚酞试纸时，用镊子取一小块试纸放在干净的表面皿边缘或点滴板上。

用玻璃棒将待测溶液搅拌均匀，并蘸取少许溶液点在试纸中部，观察颜色变化，确定溶液的酸碱性。切勿将试纸投入到待测液中，以免弄脏溶液。pH试纸的用法与此相似，试纸变色后与标准比色卡比较，确定溶液的pH值。

（2）淀粉碘化钾试纸

使用淀粉碘化钾试纸时，可将一小块试纸润湿后粘在一洁净的玻璃棒的一端，然后放在盛待测液的试管口，如有待测气体逸出则试纸变色，若逸出气体较少，可将试纸伸进试管。但要注意勿使试纸接触待测溶液。

（3）乙酸铅和硝酸银试纸

用法与淀粉碘化钾试纸基本相同，区别是需将润湿后的试纸盖在放有反应溶液的试管口上。

（4）注意事项

使用试纸时，每次用一小块即可；取用时不要直接用手拿，以免沾污试纸；取后盖严容器；用过后投入废物箱中。

【任务实施】 ‹‹←—

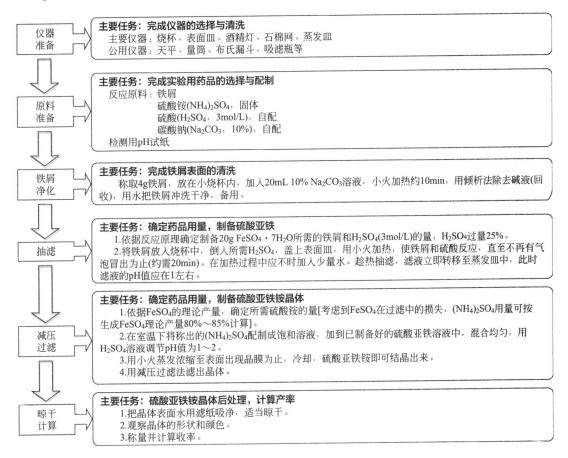

【注意事项】 ‹‹←—

1. 铁屑与硫酸溶液反应，开始时反应剧烈，要控制温度不宜过高，以防止反应液溅出。

2. 制备硫酸亚铁铵时，切忌用直火加热，否则会有大量Fe^{3+}生成，而使溶液变成棕红色。

【问题讨论】 <<<——

1. 搅拌有几种方法？用玻璃棒搅拌应怎样操作？
2. 结晶有两种方法，各适用于哪种情况？
3. 溶液已达到过饱和，仍不析出结晶，如何促其生成结晶？
4. 常压过滤的操作要领可概括为"三靠二低、一贴紧"，试解释之。
5. 减压过滤的装置由哪些仪器组成？怎样安装？各仪器的作用是什么？
6. 热过滤的目的是什么？
7. 淀粉碘化钾试纸用来检验哪些物质？有何现象？反应原理是什么？
8. 如何使用 pH 试纸？为什么取用后要立即盖严盛试纸的容器？
9. 乙酸铅试纸用来检验什么物质？怎样检验？
10. 制备硫酸亚铁时，哪种物质是过量的？制备硫酸亚铁铵时，为什么要按理论量配比？
11. 硫酸亚铁铵母液的酸碱性如何？为什么？

任务二　乙酰水杨酸的制备

乙酰水杨酸，俗称阿司匹林，分子式为 $C_9H_8O_4$，是白色针状或结晶性粉末，无臭、略有酸味，微溶于水，溶于乙醇、乙醚、氯仿，在沸水中分解，在氢氧化钠和碳酸钠溶液中分解。

阿司匹林于 19 世纪末应用到临床，至今为止已应用上百年之久，仍是世界上应用最广泛的解热、镇痛和抗炎药。

【任务描述】 <<<——

以水杨酸、浓硫酸、乙酸酐及乙醇等为主要原料，选择合适的反应装置，利用减压过滤、洗涤、干燥、回流、重结晶等基本操作，在给定的时间内，制备白色结晶状的乙酰水杨酸粉末。

【任务分析】 <<<——

水杨酸是一个具有双官能团的化合物，包含一个酚羟基和一个羧基。酚羟基能与乙酰氯、乙酸酐等发生乙酰化反应，生成乙酰水杨酸。为加快乙酰化反应的进行，常加入少量浓硫酸作为催化剂。其反应式为：

粗品可用乙醇进行重结晶。

【相关知识】 <<<——

一、玻璃仪器的装配

1. 装配要求

仪器的装配是保证实验安全可靠的基础。通常装配的顺序是"由下而上，由左向右"。

装置要牢固、稳定、美观。

装配要点："上下一条线"——竖直方向装配的各仪器，重心在同一轴线上；

"前后在同面"——侧面看，各仪器的轴线在与桌面垂直的同一平面内。

例如，安装反应仪器时，先按由下至上的原则，在铁架台的台面上放置石棉板，然后再依次放置加热设备（煤气灯、电炉、电热套或酒精灯等）、铁环、石棉网、烧瓶（若用电热套，则不用装铁环、石棉网）及其他仪器。再按由左至右的原则，依次安装。

2. 一般仪器连接

实验中，一般仪器是用塞子、玻璃管、胶管等仪器连接的。在用塞子与玻璃管连接时，应先用水或甘油润湿玻璃管的前端，然后一手握住塞子，一手握住玻璃管距管口 2～3cm 处，慢慢旋入塞孔至合适位置。切勿用力过猛或者手离橡胶塞孔过近，以免玻璃管折断，刺伤手掌。玻璃管与胶管连接时，也要先润湿，再旋转插入。

3. 磨口玻璃仪器连接

目前化学实验特别是有机化学实验广泛使用标准磨口玻璃仪器。使用磨口仪器，不但拆装方便，而且仪器的密封性好，通用性强，利用率高，利用不多的仪器可以组合成多种功能的实验装置。同时也省去了塞子钻孔、连接等烦琐操作，以及避免因使用橡胶塞而引起的污染。

标准磨口仪器的磨口，是按国际通用的标准制造的，因此具有标准化、通用化和系列化的特点。凡属相同编号的接口可以任意互换或组合，不同编号的磨口也可以借助不同编号的变径接头而相互连接。常用标准磨口玻璃仪器的磨口规格见表 3-3。

表 3-3　标准磨口玻璃仪器的磨口规格

编号	10	12	14	19	24
磨口锥体大端直径/mm	10.0	12.5	14.5	18.8	24.0

标准玻璃磨口仪器的安装与拆卸要注意以下几点。

① 选用的仪器及配件要干燥、清洁。

② 为防止磨口粘连，可在磨口的大端涂敷一薄层润滑脂（凡士林、真空活塞脂或硅脂）。

③ 磨口连接时，应直接插入或拔出，不能强顶旋转，以防损伤磨口或拆卸困难。

④ 若磨口发生粘连不能开启，可视情况采用小木块敲击、小火焰烘烤、煮沸及溶液（石油醚、煤油、乙酸乙酯、水或稀盐酸等）浸渗等方法进行处理。

⑤ 拆卸下的仪器要及时洗净，干燥，并分类保存。

二、回流操作

许多有机反应和操作（如重结晶），需在一定温度下，加热较长时间，以使反应进行完全。为了防止反应物或溶剂蒸气逸出以及因物料蒸发而导致火灾、爆炸、环境污染等事故的发生，常采用回流操作。所谓回流是指在反应中令加热产生的蒸气冷却并使冷却液流回反应系统的过程。

1. 回流装置

回流装置主要由反应容器和冷凝管组成。

反应容器中加入参与反应的物料和溶剂等。根据反应需要可选用锥形瓶、圆底烧瓶或三颈瓶等作为反应容器。

有机实验中经常使用的冷凝管有直形冷凝管、球形冷凝管、蛇形冷凝管、空气冷凝管及刺形分馏柱等。直形冷凝管一般用于沸点低于140℃的液体有机化合物的沸点测定和蒸馏操作中；沸点大于140℃的有机化合物的蒸馏可用空气冷凝管。球形冷凝管一般用于回流反应，即有机化合物的合成装置中；当被加热的液体沸点很低或其中有毒性较大的物质时，则可选用蛇形冷凝管，以提高冷却效率。刺形分馏柱用于精馏操作中，即用于沸点差别不太大的液体混合物的分离操作中。

回流装置中冷凝管的选择要依据反应混合物沸点的高低。一般多采用球形冷凝管，其冷凝面积大，冷却效果好。通常在冷凝管的夹套中自下而上通入自来水冷却。

实验时，还可根据反应的不同需要，在反应容器上装配其他仪器，构成不同类型的回流装置。

（1）普通回流装置

普通回流装置由圆底烧瓶和冷凝管组成，如图3-11所示。普通回流装置适用于一般回流操作，如乙酰水杨酸的制备实验。

（2）带有气体吸收的回流装置

带有气体吸收的回流装置，如图3-12所示。它与普通回流装置不同的是多了一个气体吸收装置。由导管导出的气体通过接近水面的漏斗口（或导管中）进入水中。使用此装置要注意：漏斗口（或导管口）不得完全浸入水中；在停止加热前（包括在反应过程中因故暂停加热）必须将盛有吸收液的容器移去，以防倒吸。此装置适用于反应时有水溶性气体，特别是有害气体（如氯化氢、溴化氢、二氧化硫等）产生的实验。

（3）带有干燥管的回流装置

带有干燥管的回流装置，如图3-13所示。与普通回流装置不同的是在冷凝管的上端装配有干燥管，以防空气中的水汽进入反应瓶。

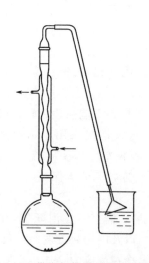

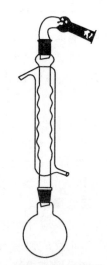

图3-11　普通回流装置　　　图3-12　带有气体吸收的回流装置　　图3-13　带有干燥管的回流装置
1—圆底烧瓶；2—冷凝管

为防止体系被封闭，干燥管内不要填装粉末状干燥剂，而是要填装颗粒状或块状干燥剂。可在管底塞上脱脂棉或玻璃棉。干燥剂和脱脂棉或玻璃棉不能装（或塞）得太实，以免堵塞通道，使整个装置成为封闭体系而造成事故。

带有干燥管的回流装置适用于水汽的存在会影响反应正常进行的实验（如格氏反应来制取物质的实验）。

　　上述简单回流装置的安装方法视频可通过扫描二维码 M3-2 观看。

　　（4）带有搅拌器、测温仪及滴加液体反应物的回流装置

　　带有搅拌器、测温仪及滴加液体反应物的回流装置如图 3-14 所示，与普通回流装置不同的是增加了搅拌器、测温仪和滴加液体反应物的装置。这种复杂回流装置的安装方法视频可通过扫描二维码 M3-3 观看。

M3-2　简单回流
装置的安装方法

　　搅拌能使反应物之间充分接触，使反应物各部分受热均匀，并使反应放出的热量能及时撤出，从而使反应顺利进行。在非均相反应中，必须使用搅拌，它不仅可以缩短反应时间，还可以提高反应产率。常使用的是电动搅拌器。

　　用于回流装置中的电动搅拌器一般具有密封装置。实验室常用的密封装置有三种：简易密封装置、液封装置和聚四氟乙烯密封装置。

M3-3　复杂回流
装置的安装方法

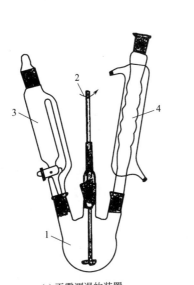

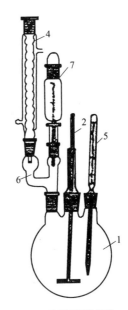

(a) 不需测温的装置

(b) 需要测温的装置

图 3-14　带有搅拌器、测温仪及滴加液体反应物的回流装置

1—三颈瓶；2—搅拌器；3—恒压漏斗；4—冷凝管；5—温度计；6—Y 型双口接管；7—滴液漏斗

　　简易密封装置如图 3-15(a) 所示。在三颈瓶的中口配上塞子，并取一根内径比搅拌棒略粗的玻璃管，使搅拌棒能在玻璃管内自由转动，截取玻璃管的长度约为塞子高度的两倍。在塞子中央钻一孔，并将玻璃管插入塞孔。再取一段弹性好的、长约 2cm、内径能使其与搅拌棒紧密接触的橡胶管，并将其套在玻璃管的上端。然后把搅拌棒插入玻璃管并伸出橡胶管。这样，固定在玻璃管上端的橡胶管因与搅拌棒紧密接触而起到了密封作用。

　　液封装置如图 3-15(b) 所示。其主要部件是一个特制的玻璃封管。可用石蜡作填充液（油封闭器），也可用水银作填充液（汞封闭器）进行密封。

　　聚四氟乙烯密封装置如图 3-15(c) 所示，主要由置于聚四氟乙烯瓶塞和螺旋压盖之间的硅橡胶密封圈起密封作用。

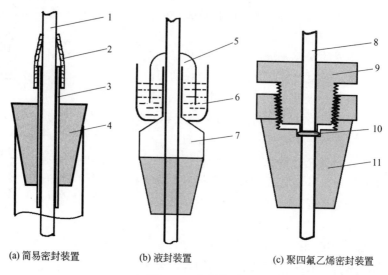

(a) 简易密封装置　　　(b) 液封装置　　　(c) 聚四氟乙烯密封装置

图 3-15　密封装置

1,8—搅拌棒；2—胶皮管；3—玻璃管；4—瓶塞；5—玻璃液封上套管；6—填充液；
7—磨口玻璃液封下套管；9—聚四氟乙烯螺旋压盖；10—硅橡胶密封圈；11—聚四氟乙烯瓶塞体

　　密封装置装配后，将搅拌棒的上端插入搅拌器的轧头内，下端距离三颈瓶底约 5mm。在搅拌中要避免搅拌棒与塞中的玻璃管或瓶底相碰撞。三颈瓶的中间颈要用铁夹夹紧，与电动搅拌器固定在同一铁架台上。进一步调整搅拌器或三颈瓶的位置，使装置正直。先用手转动搅拌器，应无内外玻璃互相碰撞声。然后低速开动搅拌器，试验运转情况。当搅拌棒和玻璃管、瓶底间没有摩擦的声音时，方可认为仪器装配合格，否则要重新调整。最后按图3-14安装好其他仪器。再次开动搅拌器，如果运转正常，才能投入物料进行实验。

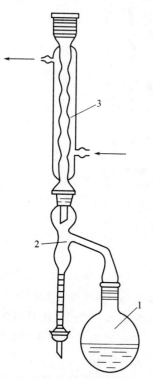

图 3-16　带有水分
离器的回流装置
1—圆底烧瓶；2—水分离器；
3—冷凝管

　　向反应器内滴加物料，常采用滴液漏斗、恒压漏斗或分液漏斗。滴液漏斗的特点是当漏斗颈伸入液面下时仍能从伸出活塞的小口处观察到滴加物料的速率。恒压漏斗的特点是当反应器内压力大于外界大气压时仍能向反应器中顺利地滴加反应物。使用分液漏斗滴加物料，必须从漏斗颈口处观察滴加速率，当颈口伸入到液面下时，就无从观察了。

　　带有搅拌器、测温仪及滴加物料的回流装置适用于在非均相溶液中进行、需要严格控制反应温度及逐渐加入某一反应物的反应，或产物为固体的反应，如 β-萘乙醚的制备实验。

　　（5）带有水分离器的回流装置

　　带有水分离器的回流装置是在反应容器和冷凝管之间安装一个水分离器，如图 3-16 所示。

　　带有水分离器的回流装置常用于可逆反应体系，如乙酸异戊酯的制备实验。反应开始后，反应物和产物的蒸气与水蒸气一起上升，经过回流冷凝管被冷凝后流到水分离器中，静置后分层，反应物与产物由侧管流回反应器，而水则从反应体系中被分出。由于反应过程中不断除去了生成物之——水，因此使平衡向增加反应产物方向移动。

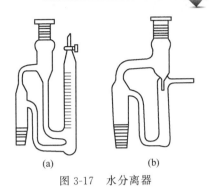

图 3-17　水分离器

当反应物及产物的密度小于水时，采用图 3-16 所示装置。加热前先将水分离器中装满水并使水面略低于支管口，然后放出比反应中理论出水量稍多些的水。若反应物及产物的密度大于水时，则应采用图 3-17(a) 或图 3-17(b) 所示的水分离器。采用图 3-17(a) 所示的水分离器时，应在加热前用原料物通过抽吸的方法将刻度管充满；若需分出大量的水，则可采用 3-17(b) 所示的水分离器。该水分离器不需先用液体填充。使用带有水分离器的回流装置，可在出水量达到理论出水量后停止回流。

2. 回流操作要点

(1) 选择反应容器和热源

根据反应物料量的不同，选择不同规格的反应容器，一般以所盛物料量占反应器容积的 1/2 左右为宜。若反应中有大量气体或泡沫产生，则应选用容积稍大些的反应器。

实验室中，加热方式较多，如水浴、油浴、火焰加热和电热套等。可根据反应物料的性质和反应条件的要求，适当地选用。

(2) 装配仪器

以热源的高度为基准，首先固定反应容器，然后按由下到上的顺序装配其他仪器。冷凝管的上口与大气相通，其下端的进水口通过胶管与水源连接，上端的出口接下水道。整套装置要求正确、整齐和稳妥。

(3) 加入物料

原料物及溶剂可事先加入反应瓶中，再安装冷凝管等其他装置；也可在装配完毕后由冷凝管上口用漏斗加入液体物料。沸石应事先加入。

(4) 加热回流

检查装置各连接处的严密性后，须先通冷却水，再开始加热。最初宜缓慢升温，然后逐渐升高温度使反应液沸腾或达到要求的温度。反应时间以第一滴回流液落入反应器中开始计算。

(5) 控制回流速度

调节加热温度及冷却水流量，控制回流速度使蒸气环的上升高度以不超过冷凝管有效冷却长度的 1/3 为宜。中途不可断水。

(6) 停止回流

停止回流时，应先停止加热，待冷凝管中没有蒸气后再停冷却水，稍冷后按由上到下的顺序拆除装置。

三、重结晶

1. 原理

重结晶的原理是固体有机物在溶剂中的溶解度一般是随温度升高而增大，因此利用溶剂对被提纯物质及杂质的溶解度不同将被提纯物质溶解在热的溶剂中达到饱和，然后冷却，从而使被提纯物质从溶液中析出结晶，杂质则留在溶液中达到提纯的目的。因此，重结晶是纯化固体有机物的重要方法。一般重结晶只适用于提纯杂质含量在 5% 以下的晶体化合物。

2. 常用的重结晶溶剂

① 溶剂不与被提纯有机物发生化学反应。

② 被提纯物在此溶剂中的溶解应随温度变化有显著的差别。

③ 杂质在溶剂中的溶解度很大（结晶时留在母液中）或很小（趁热过滤即可除去）。

④ 被提纯物在此溶剂中，能形成较好结晶，即结晶颗粒大小均匀适当。

⑤ 溶剂的沸点不宜太高，较易挥发，以便在干燥时易与结晶分离。

当几种溶剂都适用时，还需考虑溶剂毒性的大小、易燃性、价格、来源及操作难易、产物的回收率等多种因素。

选择溶剂时，一般化合物可先查阅手册中溶解度一栏。当无资料可依据时，可通过试验进行选择，具体试验方法为：取试管数支，各放入 0.2g 被提纯物的晶体，再分别加入0.5～1mL 不同种类的溶剂。加热到完全溶解，待冷却后，能析出最多结晶的溶剂，一般可以认为是最合适的。若该晶体在 3mL 热溶剂中仍不能全溶，则不能选用此种溶剂。若在热溶剂中能溶解，但冷却无结晶析出，此种溶剂也不适用。

在重结晶时，如果单一溶剂对某些提纯物都不适用，可使用混合溶剂。混合溶剂一般由两种能任意比例相混溶的溶剂组成，其中一种对提纯物溶解度较大，而另一种则较小。

常用的混合溶剂有乙醇-水、丙酮-水、乙醚-甲醇、乙酸-水、吡啶-水、乙醚-丙酮、乙醚-石油醚及苯-石油醚等。

3. 重结晶的操作步骤

① 将结晶加入适量溶剂，加热使晶体刚好溶解制成热饱和溶液，若溶液有杂色也可适量加入活性炭脱色。

② 将热饱和溶液用热过滤的方法除去不溶性杂质，保留滤液。

③ 将滤液冷却，使结晶析出。

④ 用抽滤的方法，将冷却的滤液和结晶混合物分离。

⑤ 用适量蒸馏水洗涤结晶，以清除结晶表面残留的滤液。干燥结晶。

4. 注意事项

① 在溶解过程中，应避免被提纯的化合物成油珠状，这样往往混入了杂质和少量溶剂，对提纯产品不利。要尽量避免溶质的液化，选择沸点低于被提纯物质熔点的溶剂，实在不能选择沸点较低的溶剂，则应在比熔点低的温度下进行溶解，或者适当加大溶剂的用量。

② 溶解样品过程中，不要因为重结晶的物质中含有不溶解的杂质而加入过量溶剂。若难以判断，可先进行热过滤，然后将滤渣再用溶剂溶解，并将两次滤液分别进行处理。

③ 为避免热过滤时晶体在漏斗上或漏斗颈中析出造成损失，溶剂可稍过量，一般控制在已加入量的 20% 左右。

④ 使用活性炭脱色应注意以下几点：加活性炭以前，首先将待结晶化合物完全溶解在热溶剂中，用量根据杂质颜色深浅而定，一般用量为固体质量的 1%～5%，加入后煮沸 5～10min，不断搅拌。若一次脱色不好，可再加少量活性炭，重复操作；不能向正在沸腾的溶液中加活性炭，以免溶液暴沸；活性炭对水溶液脱色较好，对非极性溶液脱色较差。

⑤ 过滤易燃溶液时，附近的火源必须熄灭。热过滤时应注意用毛巾等物包裹住热的容器，趁热将热溶液转移到漏斗中。否则会由于手握很烫的容器，引起烫伤或操作忙乱，将溶液倒入滤纸与漏斗内壁之间缝隙里或将溶液洒落，导致不应有的损失。

⑥ 用折叠滤纸过滤，习惯上不需要用重结晶溶剂先润湿滤纸，如有穿滤现象发生，可将滤液加热至刚好沸腾，换上新的折叠滤纸，再进行过滤。在含有活性炭的热溶液中也可以加入少量助滤剂（易过滤的二氧化硅细粉）到滤液中，加热至刚好沸腾，在新换的折叠滤纸

上重新过滤，这样细小的炭粉就会夹在助滤剂中被滤除。

⑦ 从漏斗上取出结晶时，注意勿使滤纸纤维附于晶体上，通常情况下，晶体与滤纸一起取出，待干燥后用刮刀轻敲滤纸，结晶即全部下来。

【任务实施】 <<<—

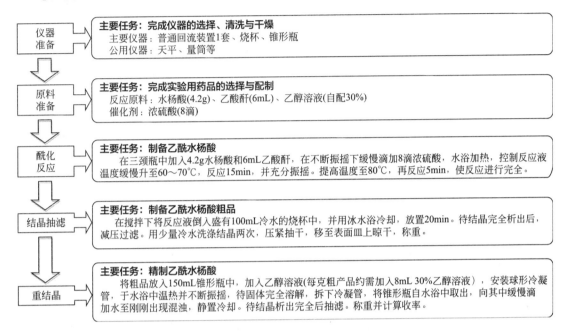

【注意事项】 <<<—

1. 三颈瓶必须干燥，以防乙酸酐水解。
2. 滴加浓硫酸时要正确、安全操作，防止出现意外。
3. 酯化反应加料后必须迅速安装冷凝管，加热并不断振摇，避免析出大量结晶。
4. 重结晶时，加入乙醇不要过量。

【问题讨论】 <<<—

1. 制备乙酰水杨酸为什么要使用干燥的玻璃仪器？
2. 用什么方法可简便地检验产品中是否含有未反应完全的水杨酸？
3. 制备乙酰水杨酸时，反应物中为何加入少量的浓硫酸？反应温度应控制在什么范围？为何温度不宜过高？

任务三　无水乙醇的制备

无水乙醇，分子式为 C_2H_5OH，无色液体，有酒香味。极易从空气中吸收水分，能与水和氯仿、乙醚等多种有机溶剂以任意比例互溶。能与水形成共沸混合物（含水 4.43%），共沸点为 78.15℃。

乙醇是重要的基本化工原料，可用于制造乙醛、乙胺、乙酸乙酯、乙酸、氯乙烷等，并衍生出医药、染料、涂料、香料、合成橡胶、洗涤剂、农药等产品的许多中间体，其制品多达 300 种以上。乙醇（75％）水溶液具有强杀菌能力，是常用的消毒剂。与甲醇类似，乙醇可作能源使用。有的国家已开始单独用乙醇作汽车燃料或掺到汽油（10％以上）中使用以节约汽油。

【任务描述】 <<<←

以乙醇（95％）、生石灰等为主要原料，选择合适的反应装置，利用蒸馏、回流等基本操作，在给定的时间内，制备无水乙醇。

【任务分析】 <<<←

制备无水乙醇的方法大致有两类。一类是加入苯，用共沸法带去水分后制得；另一类是加入固体吸附剂使乙醇脱水后制得（固体吸附方法有两种：分子筛法，氧化钙法）。

如果利用 CaO 作脱水剂，夺取乙醇与水的共沸物中的水分。其反应式为：

$$CH_3CH_2OH \cdot H_2O + CaO \longrightarrow CH_3CH_2OH + Ca(OH)_2$$

醇钙遇水分解成乙醇，可进行回收。这种方法得到的无水乙醇，纯度最高约 99.5％。纯度更高的无水乙醇可用金属镁或金属钠进行处理。

【相关知识】 <<<←

一、蒸馏分离

蒸馏是分离和提纯液态有机化合物最常用的重要方法之一。蒸馏的过程是先将液体加热至沸腾，使液体变为蒸气，然后使蒸气冷却再凝结成液体并收集在另一容器中的操作过程。

普通蒸馏可用来测定液体化合物的沸点，将挥发性物质和不挥发性物质分离，还可把沸点不同的物质（通常沸点应相差 30℃以上）进行分离。

1. 蒸馏装置

实验室用蒸馏装置如图 3-18 所示，主要包括汽化、冷凝和接收三个部分。蒸馏装置的安装方法视频可通过扫描二维码 M3-4 观看。

M3-4　蒸馏装置的安装方法

（1）汽化部分

汽化部分由圆底烧瓶、蒸馏头、温度计组成，液体在烧瓶内受热汽化，蒸气经蒸馏头侧管进入冷凝器中，选用烧瓶容量的大小必须满足被蒸馏液体的体积不超过烧瓶体积的 2/3，也不少于 1/3。

（2）冷凝部分

冷凝部分由冷凝管组成，蒸汽在此处冷凝成为液体。当液体的沸点高于 140℃时选用空气冷凝管，低于 140℃则选用水冷凝管。一般不选用球形冷凝管，因球的凹陷部分会存有馏出液，使得不同组分的馏分在凹陷处混合而难以确保所需产物的纯度。冷凝管下端侧管为进水口，用橡胶管接自来水龙头，上端的出水口套上橡胶管导入水槽。注意：上端的出水口应向上，才可保证套管内充满水。

（3）接收部分

接收部分通常由接液管和小口圆底容器（如圆底烧瓶或梨形瓶）或锥形瓶组成，用于收集冷凝后的液体，称作接收器。当所用接液管无支管时，接液管和烧瓶之间不可密封，应与外界大气相通。

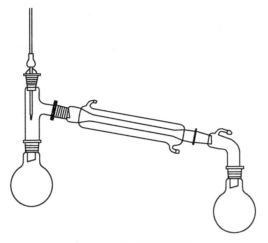

图 3-18　普通蒸馏装置

　　此外还必须注意使用校正过的温度计，量度不得低于馏出液体沸点，但也不要太大。为便于观察读数，尽量选用量度比液体沸点高出较少者。

　　热浴的选择一般根据待加热液体的沸点、可燃性等性质加以确定，禁止用明火加热，以确保操作安全进行。当液体沸点低于 80℃ 时通常采用水浴；在 80～250℃ 间加热可用油浴，但油浴在 200℃ 以上易于变质（发黑、变稠）和冒烟，很不理想。因此，在使用油浴时，油浴中应放温度计，以便及时调节火焰，防止温度过高；当温度超过 250℃ 时，往往使用沙浴，但由于沙浴散热快、温度上升较慢、不易控制而不常使用，对于蒸馏操作，则几乎不用。沸点在 80℃ 以上的液体一般采用空气浴，最简单的空气浴可将烧瓶离开石棉网 1～1.5cm 的高度或离开电炉 2～3cm 即可。另外，热源装置还可采用封闭式的电加热器配上调压变压器控温，使用起来较为方便。

　　2. 操作要点

　　① 将蒸馏烧瓶用铁夹夹在瓶颈上端，以热源高度为基准，把蒸馏烧瓶固定在铁架台上，以后在装配其他仪器时，不宜再调整烧瓶的位置。因为安装的顺序一般是先从热源开始，然后由下而上，从左往右依次安装。

　　② 装上蒸馏头，调整铁架台铁夹的位置，使冷凝管的中心与蒸馏头的支管的中心线成一直线，如图 3-19 所示。移动冷凝管，使其与蒸馏头支管紧密连接起来。各铁夹不应夹得

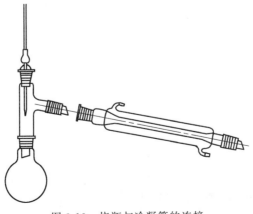

图 3-19　烧瓶与冷凝管的连接

太紧或太松，以夹住后稍用力尚能转动为宜，铁夹内要垫以橡胶等软性物质，以免夹破仪器，然后再依次装上接液管和接收器。整个装置要求准确端正，无论从正面或侧面观察，全套仪器中各个仪器的轴线都要在同一平面内。所有的铁夹和铁架都应尽可能整齐地置于仪器后面。

③ 在蒸馏头上用搅拌套管装上一温度计，调整温度计的位置，使温度计水银球上端与蒸罐头支管的下端在同一水平线上，以便在蒸馏时它的水银球能完全为蒸气所包围，如图3-20所示。若水银球偏离则引起所量温度偏高，反之，则偏低。

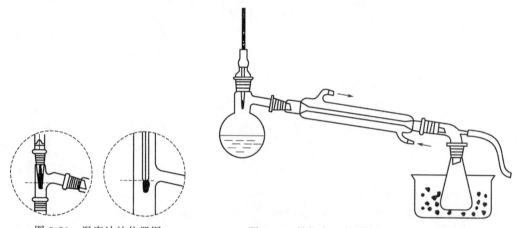

图 3-20 温度计的位置图   图 3-21 易挥发、易燃或有毒产品的蒸馏装置

④ 假如蒸馏得到的产物易挥发、易燃或有毒，可在接液管的支管上接一根长橡胶管，通入水槽的下水管内或引出室外，如图3-21所示。若室温较高、馏出物沸点低甚至与室温很接近，可将接收器放在冷水浴或冰水浴中冷却。

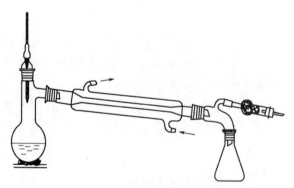

图 3-22 产品易潮解的蒸馏装置

⑤ 假如蒸馏出的产品易受潮分解或是无水产品，则可在接管的支管上连接一氧化钙干燥管，如图3-22所示，以防湿气侵入。如果在蒸馏时放出有毒气体，则需装配气体吸收装置，如图3-23所示。

3. 操作方法

① 将样品沿反应器瓶慢慢倾入，然后按自下而上、从左往右的顺序安装好蒸馏装置。

② 蒸馏开始前必须加数粒沸石，以便在液体沸腾时，沸石内的小气泡成为液体汽化中心，保证液体平稳沸腾，防止液体过热而产生暴沸。再一次检查仪器的各部分连接是否紧密

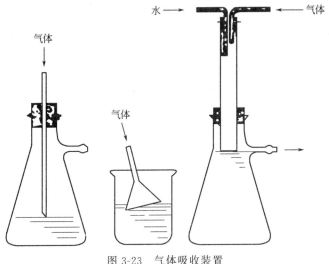

图 3-23　气体吸收装置

和妥善。

③ 接通冷凝水，开始时小火加热，以后逐渐增大火力，使温度慢慢上升，瓶中液体逐渐沸腾，此时温度计读数也略有上升，当蒸气的顶端到达温度计水银球部分时，温度计读数就急剧上升。这时应适当调小加热程度，使加热速率略为下降，蒸气顶端停留在原处使瓶颈上部和温度计受热，让水银球上液滴和蒸气温度达到平衡，此时温度正是馏出液的沸点。然后再稍稍加大加热程度，进行蒸馏，控制蒸馏速率，以每秒 $1\sim2$ 滴为宜。在蒸馏过程中温度计水银球上应始终附有冷凝的液滴，以保持气液两相的平衡，这样才能确保温度计读数的准确。

④ 记下第一滴馏出液落入接收器时的温度，此时的馏出液是物料中沸点较低的液体，称"前馏分"或"馏头"。前馏分蒸完，温度趋于稳定后蒸出的就是较纯的物质，这时应更换一个洁净干燥的接收器接收。记下这部分液体开始馏出时和最后一滴时的温度读数，即是该馏分的"沸程"，纯液体沸程一般不超过 $1\sim2℃$。

⑤ 在所需要的馏分蒸出后，若维持原来加热温度，就不会再有馏液蒸出，温度会突然下降，这时就应停止蒸馏，所有馏分甚至蒸馏残液都应称量并记录数据。

⑥ 蒸馏结束后，先移去热源，冷却后再停止通水。按照装配时的逆向顺序拆除装置，即从右往左、由上而下，即按次序取下接收器、接尾管、冷凝管和蒸馏头、圆底烧瓶。

4．注意事项

① 不要忘记加沸石。每次重新蒸馏时，都要重新添加沸石，若忘记加沸石，在液体温度低于其沸腾温度时方可补加，切忌在液体沸腾或接近沸腾时加入沸石。

② 整个蒸馏体系不能密封，尤其在装配干燥管及气体吸收装置时更应注意。

③ 若用油浴加热，切不可将水弄进油中，为避免水掉进油浴中出现危险，在许多场合，使用甘醇浴（一缩二乙二醇或二缩三乙二醇）是很合适的。

④ 蒸馏过程中欲向烧瓶中加液体，必须停火后进行，但不得中断冷凝水。

⑤ 对于乙醚等易生成过氧化物的化合物，蒸馏前必须经过检验。若含过氧化物，务必除去后方可蒸馏且不得蒸干，以防爆炸。

⑥ 当蒸馏易挥发和易燃的物质（如乙醚）时，不能用明火加热，否则容易引起火灾事

故，故用热水浴就可以了。

⑦ 停止蒸馏时应先停止加热，稍冷后再关冷凝水。

⑧ 若同一实验台上有两组以上同学同时进行此项操作且相互距离较近，每两套装置间必须是蒸馏部分靠近蒸馏部分或接收器靠近接收器，避免着火的危险。

⑨ 若用电加热器加热，必须严格遵守安全用电的各项规定。

二、化学品的干燥

有的化学品需要除去水分或要求在干燥的条件下贮存，有的化学反应尤其某些有机反应必须在无水的条件下进行，有些精密仪器如分析天平也要求防潮。因此干燥是一项重要的操作。干燥是除去物质中水分（或溶剂）的过程。

干燥方法大致可分两类：一类是物理方法，通常使用吸附、分馏、恒沸蒸馏、冷冻、气流、真空和加热等方法干燥；另一类是化学方法，使用能与水生成水合物的化学干燥剂进行干燥。

1. 干燥剂

干燥剂是能除去气态或液态物质中游离水分的物质。化学实验中常用的干燥剂见表 3-4。

表 3-4　常用的干燥剂

干燥剂	酸碱性	与水作用的产物	适用范围	备注
$CaCl_2$	中性	$CaCl_2 \cdot nH_2O$ （$n=1,2,3$）	烃、卤代烃、烯、酮、醚、硝基化合物、中性气体、氯化氢	①吸水量大，作用快，效率低 ②含有碱性杂质 CaO，价廉 ③不适用于醇、胺、氨、酚、酸等 ④$CaCl_2 \cdot 6H_2O$ 在 30℃ 以上失水
Na_2SO_4	中性	$Na_2SO_4 \cdot nH_2O$ （$n=7,10$）	卤代烃、醇、醛、酯、酸、酚、硝基化合物等各类有机物	①价格便宜 ②吸水量大，作用慢，效率低 ③$Na_2SO_4 \cdot 10H_2O$ 在 33℃ 以上失水
$MgSO_4$	中性	$MgSO_4 \cdot nH_2O$ （$n=1,7$）	同 Na_2SO_4	①比 Na_2SO_4 作用快，效率高 ②$MgSO_4 \cdot 7H_2O$ 在 48℃ 以上失水
$CuSO_4$	中性	$CuSO_4 \cdot nH_2O$ （$n=1,3,5$）	乙醇、乙醚等	①比 $MgSO_4$、Na_2SO_4 效率高，但价格较贵 ②不适用于甲醇
$CaSO_4$	中性	$(CaSO_4)_2 \cdot H_2O$ $CaSO_4 \cdot 2H_2O$	烷、醇、醚、醛、酮、芳香烃等各类有机物	干燥速率快，效率中等，常与硫酸镁配合，作最后干燥用
K_2CO_3	强碱性	$K_2CO_3 \cdot nH_2O$ （$n=1,2,5$）	醇、酮、酯、胺、杂环等碱性物质	不适用于酚、酸类化合物
NaOH 或 KOH	强碱性	溶液	烃、乙醚、胺、氨、杂环化合物	①快速有效 ②不适用于酸性物质
CaO BaO	碱性	$Ca(OH)_2$ $Ba(OH)_2$	胺、醇、乙醚、中性及碱性气体	①特别适宜于干燥气体 ②作用慢，但效率高 ③干燥后液体需蒸馏分开干燥剂
Na	强碱性	H_2+NaOH	烃、醚、叔胺	①快速有效 ②不适用于醇、酯、胺、卤代烃等对碱敏感物质
CaH_2	碱性	$H_2+Ca(OH)_2$	碱性、中性、弱酸性化合物	①效率高，作用慢，干燥后液体需蒸馏 ②不适用于对碱敏感物质

续表

干燥剂	酸碱性	与水作用的产物	适用范围	备注
浓 H_2SO_4	强酸性	H_3O^+ HSO_4^-	饱和烃、卤代烃、中性与酸性气体（用于干燥器和洗气瓶）	①效率高 ②不适用于烯、醚、醇、酚、酮及碱性化合物、H_2S、HI 等
P_2O_5	酸性	HPO_3 $H_4P_2O_7$ H_3PO_4	中性及酸性气体、乙炔、二硫化碳、烃、醚、腈、卤代烃等物质	①效率高，干燥后需蒸馏分离 ②不适用于醇、酮、乙醚、易聚合物质、HF、HCl 等
3A 分子筛 4A 分子筛		物理吸附	各类有机物及许多气体	快速、高效，可再生使用
硅胶		物理吸附	液体脱水或用于干燥器中	①吸水量高过 40%，经烘干后可反复使用 ②不适用于 HF

2. 气体的干燥

实验室制备的气体常伴有酸雾和水汽，通常需用洗气瓶、干燥塔、干燥管等仪器进行干燥和净化。例如，气体 O_2、CO_2、CO、N_2、Cl_2、烷烃等，可用内盛浓硫酸的洗气瓶进行干燥，气体通过后，大部分水被吸收，再通过内装氯化钙、硅胶或分子筛干燥剂的干燥塔即可完成干燥。

在有机物反应体系中，常需防止湿空气侵入，可在反应器连通大气的开口处装接干燥管，管内盛有氯化钙等干燥剂。

在实验中，要根据具体操作条件和气体的性质选择适宜的干燥装置和干燥剂。通常干燥管和干燥塔内的固体干燥剂要在临用前填装，以免受潮。同时，固体粒度要合适，不得过紧，以防破碎，影响气流通过；在气体进出口处应放少量棉花或玻璃纤维，以防干燥剂被吹散。

3. 液体的干燥

将液体与干燥剂放在一起，充分振荡并放置一定的时间后，再分离即可干燥液体。若干燥剂与水反应生成气体，还应配装出口干燥管，如图 3-24 所示。通常在浑浊液体变澄清、干燥剂不再黏附器壁上、振荡时液体可以自由流动时可以认为干燥已基本完成，应过滤分离。对量多且含水量大的液体，宜分几次干燥，可用价格低廉的干燥剂作初步干燥。干燥剂的选择要视被干燥组分的性质而定，一般要求不反应、不互溶及无催化作用。

无水氯化钙

脱脂棉

图 3-24　液体的干燥

利用水能与某些物质形成共沸混合物的性质，也可对液体进行共沸干燥。常见的带水剂有：苯、甲苯、二甲苯、三氯甲烷、四氯化碳等。在液体中加入上述组分，用蒸馏的方法就可将其和水一起分离。

检查液体中是否含水，可在液体中加入无水氯化钴（蓝色），若有水，钴盐将转变为粉红色的水合物；也可用无水硫酸铜（白色）检验，其遇水后变为蓝色。

4. 固体的干燥

（1）自然晾干

遇热易分解或含有易挥发溶剂的固体，可以置于空气中自然晾干。操作时，要将待干燥的试样置于培养皿中，上面盖上滤纸，以防污染。

（2）用干燥器干燥

干燥器是磨口的厚玻璃仪器，分上、下两室，中间用一带孔瓷板相隔。下室放入干燥剂。使用时将含水量极小的固体盛于表面皿或培养皿内，然后放入干燥器的上室中。为确保干燥器的密合，磨口要涂上凡士林。干燥器的操作如图 3-25 所示。若采用抽真空措施，干燥更快。

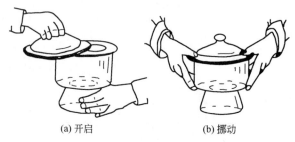

(a) 开启   (b) 挪动

图 3-25 　干燥器的开启与挪动

（3）加热干燥

如果待干燥试样的熔点高，热稳定性好，则可将试样置于表面皿（或蒸发皿）内，在水浴或沙浴上加热烘干，或用烘箱烘干。也可以用红外线（红外线辐射器）直接辐射试样，进行烘干。

【任务实施】 <<←

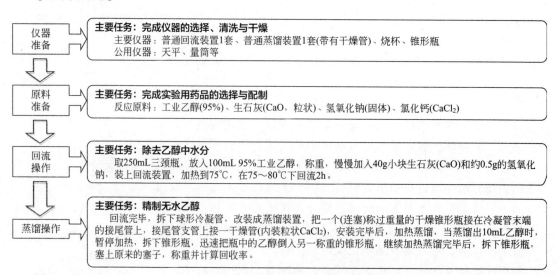

仪器准备	**主要任务：完成仪器的选择、清洗与干燥** 主要仪器：普通回流装置1套、普通蒸馏装置1套(带有干燥管)、烧杯、锥形瓶 公用仪器：天平、量筒等
原料准备	**主要任务：完成实验用药品的选择与配制** 反应原料：工业乙醇(95%)、生石灰(CaO，粒状)、氢氧化钠(固体)、氯化钙($CaCl_2$)
回流操作	**主要任务：除去乙醇中水分** 取250mL三颈瓶，放入100mL 95%工业乙醇，称重，慢慢加入40g小块生石灰(CaO)和约0.5g的氢氧化钠，装上回流装置，加热到75℃，在75～80℃下回流2h。
蒸馏操作	**主要任务：精制无水乙醇** 回流完毕，拆下球形冷凝管，改装成蒸馏装置，把一个(连塞)称过重量的干燥锥形瓶接在冷凝管末端的接尾管上，接尾管支管上接一干燥管(内装粒状$CaCl_2$)，安装完毕后，加热蒸馏，当蒸馏出10mL乙醇时，暂停加热，拆下锥形瓶，迅速把瓶中的乙醇倒入另一称重的锥形瓶，继续加热蒸馏完毕后，拆下锥形瓶，塞上原来的塞子，称重并计算回收率。

【注意事项】 <<←

1. 本实验中所用仪器必须彻底干燥。

2. 无水乙醇吸水性很强，操作过程与存放中要防止水分侵入。

3. 务必使用颗粒状的氧化钙，切勿用粉状的，否则易出现暴沸现象。

【问题讨论】 <<←

1. 列表说明常见电设备热源的种类、温度及适用范围。

2. 哪些器皿可以作为直接加热的容器？怎样加热试管中的固体或液体？

3. 要干燥氨、氯化氢、苯，应选择何种干燥剂？

4. 乙醇中含有少量的水，应选何种干燥剂？怎样干燥？

5. 固体的干燥方法有哪些？适用范围如何？

任务四 乙酸异戊酯的制备

乙酸异戊酯，又名醋酸异戊酯，分子式为 $C_7H_{14}O_2$，为无色、有香蕉气味、易挥发的液体，又称作香蕉油。沸点为 142℃，密度为 $0.869g/cm^3$，微溶于水，可混溶于乙醇、乙醚、乙酸乙酯、戊醇等有机溶剂。

乙酸异戊酯主要用作油脂、橡胶、硝酸纤维素、清漆、鞋油、油墨、防水漆、织物染色处理、药品萃取精制等的溶剂，也可用于调味、制革、人造丝、胶片和纺织品等加工工业。

【任务描述】 <<<—

以冰乙酸、氯化钠溶液、异戊醇、无水硫酸镁、浓硫酸、甘油、碳酸氢钠溶液等为主要原料，选择合适的反应装置，利用洗涤、回流、蒸馏等基本操作，在给定的时间内，制备乙酸异戊酯液体。

【任务分析】 <<<—

酯的制备方法有醇的酯化、醇的酰化及腈的醇解等方法，常见的是用冰乙酸和异戊醇在浓硫酸催化下发生酯化反应制取，反应式为：

$$CH_3COOH+(CH_3)_2CHCH_2CH_2OH \Longleftrightarrow CH_3COOCH_2CH_2CH(CH_3)_2+H_2O$$

由于酯化反应是可逆的，除了让反应物之一冰乙酸过量外，还应采用带有水分离器的回流装置，使反应中生成的水被及时分出，以破坏平衡，使反应向右进行。

反应混合物中的硫酸、过量的冰乙酸及未反应完全的异戊醇，可用水洗涤除去；残余的酸要用碳酸氢钠溶液进行中和除去；副产物醚类在蒸馏中分离。

【相关知识】 <<<—

物体的冷热程度叫温度。温度是描述体系状态的一个特征参数。在 SI 中热力学温度的单位为 K（开尔文）。热力学温度（T）与摄氏温度（t）的关系为：

$$T=t+273.15$$

在化学实验中，准确测定及控制温度是一项十分重要的技能。

一、玻璃液体温度计

1. 玻璃液体温度计的构造

玻璃液体温度计是将液体装入一根下端带有玻璃泡（感温泡）的均匀毛细管中，液体上方抽成真空或充以某种气体，为防止温度超过使用范围引起温度计破裂，顶部一般留有膨胀室。由于液体的膨胀系数远比玻璃大，故温度的变化可反映在液柱长度的变化上，可由分度标尺读出。

玻璃液体温度计中所充液体不同，其测量范围也不同，如水银温度计（－30～750℃）、酒精温度计（－65～165℃）、甲苯温度计（0～90℃）。

2. 水银温度计的校正

水银温度计是最常用的一种玻璃液体温度计，普通水银温度计的测量范围为－30～300℃。水银温度计的读数误差主要来源于玻璃毛细管的不均匀、玻璃温包受热后体积发生变化及全浸式温度计局浸等。

玻璃属于热力学不稳定体系，当温度计在高温使用时，体积膨胀，但冷却后玻璃结构仍停留在高温状态，玻璃温包的体积不会立即复原，因而导致零点发生变化。

检验零点的恒温槽称为冰点器，容器用真空杜瓦瓶，起绝热保温作用，在容器中盛放冰水混合物。最简单的冰点仪是颈部接一橡胶管的漏斗，如图3-26所示。漏斗内盛冰水混合物，冰要经粉碎、压紧，被纯水淹没，从橡胶管中可放出多余的纯水。检定时，将预冷至－3～－2℃的待测温度计，垂直插入冰水中，使零位线高出冰面5mm，10min后开始读数，每隔1～2min读一次，直到温度计水银柱的可见移动停止为止。由三次顺序读数的相同数据得出零点校正值（$\Delta t_{零}$）。

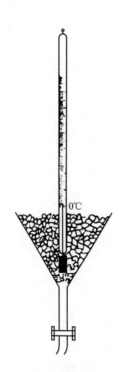

图 3-26　水银温度计
零点测定装置

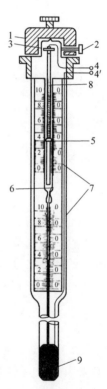

图 3-27　接点温度计
1—调节帽；2—固定螺丝；3—磁铁；4—螺丝杆引出线；
4′—水银槽引出线；5—指示铁；6—触针；7—刻度板；
8—调节螺丝杆；9—水银槽

如某温度计检定单上零点值为－0.02℃，现测得为0.03℃，即升高0.05℃。

$\Delta t_{零}$不仅与温度计的玻璃成分有关，也与冷热变化的经历有关，故标准温度计应定期检定零点值。

二、接点温度计

接点温度计是实验中使用最广泛的一种感温元件。它常和继电器、加热器组成一个完整控温系统。在这个系统中,接点温度计的主要作用是探测恒温介质的温度,并能随时把温度信息送给继电器,从而控制加热开关的通断。其控制精度一般在 $\pm 0.1\,℃$。

1. 接点温度计构造

接点温度计的基本构造如图 3-27 所示。其下半部与普通温度计相似,但有一根铂丝与水银槽中的水银接触,并与顶部引出线相连,毛细管水银上面也悬有一根铂丝(触针),固定在指示铁上,并通过固定螺丝与螺杆引出线相连。旋转磁铁可带动内部螺杆转动,使标铁上下移动。当恒温槽未达到指示指示铁所指示的温度时,水银柱与触铁不接触;当达到指示的温度时,水银柱与银丝相接触,这时与引出线相连的继电器就会关掉加热开关,从而达到控温的目的。

2. 接点温度计的使用方法

将接点温度计垂直插入恒温槽中,并将两根引出线接在继电器接线柱上,旋松接点温度计调节帽固定螺丝,旋转调节帽,将指示铁调到稍低于欲恒定温度;接通电源,加热(继电器红灯亮),当加热到水银与铂丝接触时,停止加热(继电器绿灯亮),此时读取 $1/10\,℃$ 温度计读数,据此慢慢调节指示铁,直至达到欲恒定温度为止,然后固定调节帽。

3. 接点温度计使用注意事项

接点温度计不能直接用来测定温度(刻度粗糙),必须用 $1/10\,℃$ 温度计测定温度;不能骤热骤冷,防止破裂;不用时应将指示铁调至常温以上位置保存。

三、热电偶温度计

当两种不同的金属 A 与 B 组成回路时,一个接点温度为 t,称为热端;另一个接点温度为 t_0,称为冷端(参考端)。由于 A 与 B 金属的电子逸出功不同,在接点处产生的接触电势以及同一金属的两端由于温度不同而产生的温差电势,构成了回路中的总热电势。从而电路中就有电流通过。在连接测温仪表时,常有第三种金属(C)的引入,但这对整个线路的热电势没有影响。

实验证明,在一定的温度范围内,热电势的大小只与两端的温差 $t - t_0$ 成正比,而与导线的长短、粗细及导线的温度分布无关。由于冷端的温度(规定处于 $0\,℃$)是恒定的,因此只要知道热端温度与热电势的依赖关系(可用有关 E-t 图表的公式),由测得的热电势推算出热端温度。利用这种原理设计而成的温度计称为热电偶。

使用热电偶时应注意:要正确选用热电偶,不仅要看测温范围,还要考虑材质,如铂-铑热电偶宜在氧化性或中性气氛中使用,而铜-康铜(含 60% Cu 与 40% Ni 的合金)热电偶宜在还原气氛中使用;根据测温范围可选石英、刚玉、耐火陶瓷作保护管,低于 $600\,℃$ 可用硬质玻璃管;冷端要进行补偿,可用补偿导线把冷端延引出来,放入冰水浴中,保持 $0\,℃$;测温时要保持热端温度与被测介质完全一致,并很快达到热平衡;热电偶使用一段时间后可能有变质现象,故每副热电偶在投入使用之前都要进行校正,可用比较法或已知熔点的物质进行校正,作出工作曲线。

除上述温度计以外,实验中还常用到测温范围很窄($0\sim5\,℃$)、但分度值很小(可直接读出 $0.01\,℃$,估计到 $\pm 0.002\,℃$)的贝克曼温度计。此外在测液氮等温度极低的

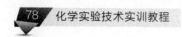

液体时，还需要用到充有氧气的饱和蒸气温度计，它由测得的饱和蒸气压来查得对应的温度。

【任务实施】 <<←

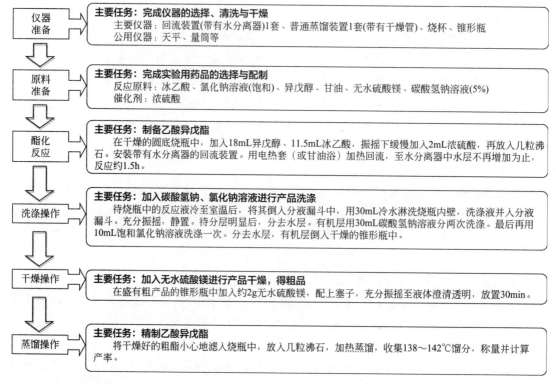

仪器准备	**主要任务：完成仪器的选择、清洗与干燥** 主要仪器：回流装置(带有水分离器)1套、普通蒸馏装置1套(带有干燥管)、烧杯、锥形瓶 公用仪器：天平、量筒等
原料准备	**主要任务：完成实验用药品的选择与配制** 反应原料：冰乙酸、氯化钠溶液(饱和)、异戊醇、甘油、无水硫酸镁、碳酸氢钠溶液(5%) 催化剂：浓硫酸
酯化反应	**主要任务：制备乙酸异戊酯** 在干燥的圆底烧瓶中，加入18mL异戊醇、11.5mL冰乙酸，振摇下缓慢加入2mL浓硫酸，再放入几粒沸石。安装带有水分离器的回流装置。用电热套（或甘油浴）加热回流，至水分离器中水层不再增加为止，反应约1.5h。
洗涤操作	**主要任务：加入碳酸氢钠、氯化钠溶液进行产品洗涤** 待烧瓶中的反应液冷至室温后，将其倒入分液漏斗中，用30mL冷水淋洗烧瓶内壁，洗涤液并入分液漏斗。充分振摇，静置。待分层明显后，分去水层。有机层用30mL碳酸氢钠溶液分两次洗涤。最后再用10mL饱和氯化钠溶液洗涤一次。分去水层，有机层倒入干燥的锥形瓶中。
干燥操作	**主要任务：加入无水硫酸镁进行产品干燥，得粗品** 在盛有粗产品的锥形瓶中加入约2g无水硫酸镁，配上塞子，充分振摇至液体澄清透明，放置30min。
蒸馏操作	**主要任务：精制乙酸异戊酯** 将干燥好的粗酯小心地滤入烧瓶中，放入几粒沸石，加热蒸馏，收集138～142℃馏分，称量并计算产率。

【注意事项】 <<←

1. 水分离器中要事先充满水至比支管口略低处，并放出比理论出水量稍多些的水。
2. 分出水量约 2.5～2.7mL，可根据出水量初步估计酯化反应进行的程度。
3. 加饱和食盐水有利于有机层快速、明显地分层。

【问题讨论】 <<←

1. 制备乙酸异戊酯时，回流装置和蒸馏装置为什么必须使用干燥的玻璃仪器？
2. 回流前，水分离器为什么要充水？
3. 碱洗时，为什么会有二氧化碳气体产生？

任务五　溴乙烷的制备

溴乙烷，又名乙基溴、溴代乙烷，分子式为 C_2H_5Br，是无色易挥发液体。沸点 38.4℃，密度为 1.4586g/mL，不溶于水，溶于乙醇、乙醚等多数有机溶剂。

溴乙烷是有机合成的重要原料。农业上用作仓储谷物、仓库及房舍等的熏蒸杀虫剂。工业上常用于汽油的乙基化、冷冻剂和麻醉剂。也可用作分析试剂，如用作溶剂、折射率标准样品。

【任务描述】 <<←

以溴化钠、浓硫酸、乙醇等为主要原料，选择合适的反应装置，利用分馏、萃取、蒸馏等基本操作，在给定的时间内，制备无色液体溴乙烷。

【任务分析】 <<←

溴乙烷可用醇与氢卤酸的反应制得。反应式为：

$$NaBr + H_2SO_4 \longrightarrow HBr + NaHSO_4$$

$$C_2H_5OH + HBr \rightleftharpoons C_2H_5Br + H_2O$$

醇与氢溴酸的反应是可逆反应，为了使平衡向右移动、提高产率，可增加反应物乙醇的用量，并及时将产物溴乙烷蒸出。利用它难溶于水、密度大等特点，将溴乙烷收集在水底，使反应不断向着生成溴乙烷的方向进行。

【相关知识】 <<←

一、分馏操作技术

1. 分馏原理

利用普通蒸馏可以分离两种或两种以上沸点相差较大（大于 30℃）的液体混合物，而对于沸点相差较小的、或沸点接近的液体混合物的分离和提纯则采用分馏的办法。

分馏又称分段蒸馏，是借助于分馏柱的作用使一系列的普通蒸馏操作不需要多次重复、一次得以完成的蒸馏。分馏可使沸点相近的互溶液体化合物（甚至沸点仅相差 1～2℃）得到分离和提纯。它不仅在实验室而且在化学工业中也得到广泛的应用。

为了提高分馏柱的分离效率，通常在其中装入各种填料，以增大气相和液相的接触面积。当蒸气进入分馏柱时，因受外界空气的冷却，使蒸气发生部分冷凝。其结果是冷凝液中含有较多高沸点组分，而蒸气中则含有较多低沸点组分。冷凝液向下流动过程中，又与上升的蒸气相遇，二者之间进行热量交换，结果使上升蒸气发生部分冷凝，而下降的冷凝液发生部分汽化。由于在柱内进行多次气-液相热交换，反复进行汽化、冷凝等过程，结果使低沸点组分不断上升到达柱顶部被蒸出，高沸点组分不断向下流回加热烧瓶中，从而使沸点不同的物质得到分离。

分馏在工业上又称为精馏，是分离沸点相差较近的液态混合物的重要方法，目前采用高效精馏塔，可将沸点仅差 1～2℃ 的液态混合物予以分离。

实验室常用的分馏柱有三种形式，如图 3-28 所示。

（1）韦氏分馏柱

韦氏分馏柱又称刺形分馏柱，如图 3-28（a）所示，它是一根分馏管，中间一段每隔一定距离向内伸入三根向下倾斜的刺状物，在柱中相交，且每组刺状物间成螺旋状排列。

韦氏分馏柱的主要优点是仪器装配简单、操作方便，残留在分馏柱中的液体少。主要缺点是较同样长度的填充式分馏柱效率低，适合于分离少量且沸点差距较大的液体。

（2）填充式分馏柱

填充式分馏柱如图 3-28（b）所示，是一种长为 30～40cm、直径为 1.5～2.5cm 的分馏管，在管的底部放少量玻璃毛，然后装入合适的各种惰性填料（如该柱有支管，则直填到距

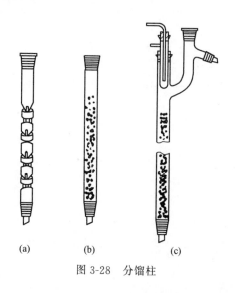

(a)　(b)　(c)

图 3-28　分馏柱

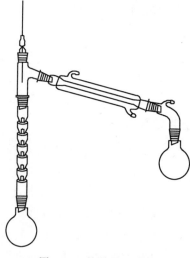

图 3-29　简单分馏装置

支管 5cm 左右），可增加气液接触面积。填料包括玻璃珠、玻璃管、陶瓷或螺旋形、马鞍形、网状等形状的金属片或金属丝。它效率较高，适合分离一些沸点差距较小的化合物。

上述两种简单分馏柱的分馏效率不高，仅相当于两次普通的蒸馏。

（3）特殊结构分馏柱

特殊结构分馏柱如图 3-28(c) 所示，是对填充式分馏柱的改良，它由克氏分馏管及附加的一只小型冷凝管（冷凝指）组成。上下移动冷凝指和调节进入冷凝柱的水流速度，进而调节回流液体的量，即控制回流比。但一定要防止液体在柱中"液泛"。

回流比指单位时间内由柱顶冷凝流回柱内的液体的量与馏出液的量之比。回流比越大，分馏效果越好。但回流比过大，分离速率缓慢，分馏时间延长。因此，应控制适当的回流比。

液泛是指蒸发速率增到某一程度时，上升的蒸气能将下降的液体顶上去，破坏了气液平衡，降低了分离效率。将柱身裹以石棉绳、玻璃布等保温材料，及控制加热的速率可以防止液泛，提高分馏效率。

2. 简单分馏装置

简单分馏装置的仪器主要包括圆底烧瓶、分馏柱、温度计、冷凝管、接液管和接收瓶等，装置如图 3-29 所示。

简单分馏装置仪器安装顺序与蒸馏装置相似，从热源开始，先下后上，从左到右。其安装视频通过扫描二维码 M3-5 观看。

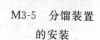

M3-5　分馏装置
的安装

3. 简单分馏操作方法

① 将待分馏的混合物放入圆底烧瓶中，加入沸石，按照图 3-29 安装好装置。装上普通分馏柱、蒸馏头，插上温度计，蒸馏头支管和冷凝管相连，蒸馏液收集在锥形瓶中。

② 选择合适热浴，开始加热。注意当液体一沸腾就及时调节浴温，使蒸气慢慢升入分馏柱，10～15min 后蒸气到达柱顶，此时用手摸柱顶，若柱温明显升高甚至烫手时，表明蒸气已达到柱顶，这时可观察到温度计的水银球上出现了液滴。

③ 调小火焰，让蒸气仅到柱顶而不进入支管就被全部冷凝，回流到烧瓶中，维持 5min 左右，使填料完全被湿润，开始正常地工作。

④ 将火调大，控制液体的馏出速率为每 1 滴 2～3s，这样可取得较好的分馏效果。待温度计所示温度骤然下降，说明低沸点组分已蒸完，可继续升温，按沸点收集第二、第三种组分的馏出液，当欲收集的组分全部收集完后，停止加热。

4. 简单分馏操作注意事项

① 参照普通蒸馏中的注意事项。

② 分馏一定要缓慢进行，要控制好恒定的分馏速率。

③ 要有足够量的液体从分馏柱流回烧瓶中，即保持适宜的回流比。

④ 必须尽量减少分馏柱的热量失散和波动。

二、萃取操作技术

萃取又称溶剂萃取或液液萃取，亦称抽提，是利用不同物质在选定溶剂中溶解度的不同而达到分离、提纯或纯化混合物的操作。萃取是有机化学实验室中用来提纯和纯化化合物的主要手段之一。它的操作过程并不造成被萃取物质化学成分的改变（或说化学反应），所以萃取操作是一个物理过程。通过萃取，能从固体或液体混合物中提取出所需的物质。

由于在萃取过程中，溶质将在两种互不相溶的溶剂间分配，其分配量取决于溶质在两种溶剂中的溶解度和所用溶剂的体积。在任一特定温度下，溶质在两种体积相同的互不相溶的溶剂中不发生分解、电离、缔合和溶剂化，则在此溶剂中的浓度的比值是一常数，此即所谓"分配定律"。

例如，A 溶剂从 B 溶液中将物质 1 萃取出来。假设物质 1 在 A 和 B 相中分配达平衡时的浓度分别为 c_A 和 c_B，则在一定温度下，$c_A/c_B = K_D$，K_D 是一常数，称为"分配系数"，它可近似地看作为此物质在两溶剂中溶解度之比。

值得注意的是，运用"分配定律"得到的推论对实际的萃取操作具有指导意义。

假设：V_B 为原溶液的体积（mL），m_0 为萃取前溶质 1 的总量（g），m_1、m_2、m_3、……、m_n 分别为萃取一次、二次、三次、……、n 次后 B 溶液中溶质的剩余量（g），V_A 为每次萃取溶剂的体积（mL）。

第一次萃取后：$\dfrac{(m_0 - m_1)/V_A}{m_1/V_B} = K_D$

$$m_1 = m_0 \left(\frac{V_B}{K_D V_A + V_B} \right)$$

第二次萃取后：$\dfrac{(m_1 - m_2)/V_A}{m_2/V_B} = K_D$

$$m_2 = m_1 \left(\frac{V_B}{K_D V_A + V_B} \right) = m_0 \left(\frac{V_B}{K_D V_A + V_B} \right)^2$$

同理，经 n 次萃取后：$m_n = m_0 \left(\dfrac{V_B}{K_D V_A + V_B} \right)^n$

例如，在 100mL 水中溶有 4g 丁酸，15℃时用 100mL 苯萃取其中的丁酸，用 100mL 苯一次萃取时在水中丁酸的剩余量为 1.0g。但若将 100mL 苯分三次萃取，则剩余量减少为 0.5g（此数值可由公式计算得出）。一般萃取次数为 3～5 次即可。

另外，在萃取时，若在水溶液中加入一定量的电解质（如氯化钠），利用"盐析效应"以降低有机物和萃取溶剂在水溶液中的溶解度，可提高萃取效率。

1. 萃取溶剂的选择

用于萃取的溶剂叫萃取剂，常用的萃取剂有有机溶剂、水、稀碱溶液和浓硫酸等，实验中应根据被萃取有机物的性质来选择。

一般，难溶于水的物质用石油醚萃取；较易溶于水的物质，用苯或乙醚萃取；易溶于水的物质，则用乙酸乙酯萃取。

在选择溶剂时，不仅要考虑溶剂对被萃取物与杂质应有相反的溶解度。而且溶剂的沸点不易过高，否则不易回收溶剂，甚至在溶剂回收时可能使产品分解。此外，还应考虑溶剂的毒性要小、化学稳定性要高、不与溶质发生化学反应、溶剂的密度也要适当等。

2. 液体物质的萃取

通常采用分液漏斗来进行液体的萃取，常见的分液漏斗有圆球形、圆筒形和梨形三种，如图 3-30 所示。分液漏斗从圆球形到长的梨形，其漏斗越长，振摇后两相分层所需时间越长。因此，当两相密度相近时，采用圆球形分液漏斗较合适。一般常用梨形分液漏斗。

无论选用何种形状的分液漏斗，加入全部液体的总体积不得超过其容量的 3/4。

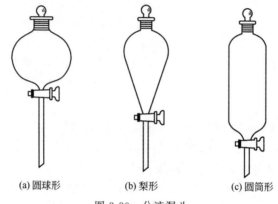

(a) 圆球形　　　　(b) 梨形　　　　(c) 圆筒形

图 3-30　分液漏斗

（1）萃取装置的安装

盛有液体的分液漏斗放置的方法通常有两种：一种是将其放在用棉绳或塑料膜缠扎好的

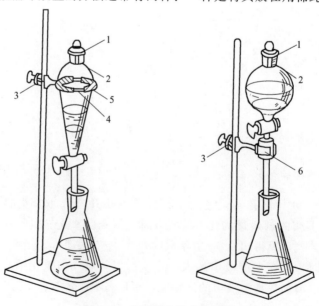

图 3-31　分液漏斗的支架装置

1—小孔；2—玻塞上的侧槽；3—持夹；4—铁圈；5—缠扎物；6—单爪夹

铁圈上，铁圈则牢固地被固定在铁架台的适当高度，如图 3-31(a) 所示；另一种是在漏斗颈上配一塞子，然后用万能夹牢固地将其夹住并固定在铁架台的适当高度，如图 3-31(b) 所示。

不论如何放置，接收从漏斗中放出液体的容器内壁都应贴紧漏斗颈。

(2) 萃取操作方法

① 使用前的准备工作。

a. 分液漏斗上口的顶塞应用小线系在漏斗上口的颈部，旋塞则用橡皮筋绑好，以避免脱落打破。

b. 取下旋塞并用纸将旋塞及旋塞腔擦干，在旋塞孔的两侧涂上一层薄的凡士林，再小心塞上旋塞并来回旋转数次，使凡士林均匀分布并透明。但上口的顶塞不能涂凡士林。

c. 使用前应先用水检查顶塞、旋塞是否紧密。倒置或旋转旋塞时都必须不漏水，方可使用。

d. 需用干燥的分液漏斗时，要特别注意拔出活塞芯，检查活塞是否洁净、干燥。不符合要求者，需经洗涤、干燥后方可使用。

分液漏斗试漏操作方法视频通过扫描二维码 M3-6 观看。

② 萃取与洗涤操作。把分液漏斗放置在固定于铁架台的铁环（用石棉绳缠扎）上。关闭旋塞并在漏斗颈下面放一个锥形瓶。由分液漏斗上口倒入溶液与溶剂（液体总体积应不超过漏斗容积的 1/3），然后盖紧顶塞并封闭气孔。取下分液漏斗，振摇使两层液体充分接触，振摇时，右手捏住漏斗上口颈部，并用食指根部（或手掌）顶住顶塞，以防顶塞松开。用左手大拇指、食指按住处于上方的旋塞把手，即要能防止振摇时旋塞转动或脱落，又便于灵活地旋开旋塞。漏斗颈向上倾斜 30°～45°角，如图 3-32(a)、图 3-32(b) 所示。

M3-6 分液漏斗试漏操作方法

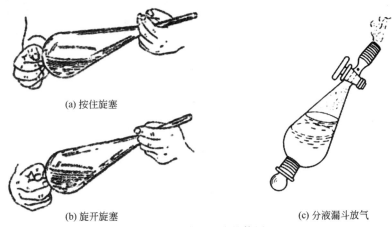

(a) 按住旋塞

(b) 旋开旋塞

(c) 分液漏斗放气

图 3-32 分液漏斗的使用

用两手旋转、振摇分液漏斗数秒钟后，仍保持漏斗的倾斜度，旋开旋塞，放出蒸气或发生的气体，使内外压平衡，操作如图 3-32(c) 所示。当漏斗内有易挥发有机溶剂（如乙醚）或有二氧化碳气体放出时，更应及时放气并注意远离别人。放气完毕，关闭旋塞，再行振摇。如此重复 3～4 次至无明显气体放出。操作易挥发有机物时，不能用手拿球体部分。

③ 两相液体的分离操作。分液漏斗进行液体分离时，必须放置在铁环上静置分层，待两层液体界面清晰时，先将顶塞的凹缝与分液漏斗上口颈部的小孔对好（与大气相通），再

把分液漏斗下端靠在接收瓶壁上，然后徐徐旋开旋塞，放出下层液体。放时先快后慢，当两液面界限接近旋塞时，关闭旋塞并手持漏斗颈稍加振摇，使黏附在漏斗壁上的液体下沉，再静置片刻，下层液体常略有增多，再将下层液体仔细放出，此种操作可重复 2～3 次，以便把下层液体分净。当最后一滴下层液体刚刚通过旋塞孔时，关闭旋塞。待颈部液体流完后，将上层液体从上口倒出。绝不可由旋塞放出上层液体，以免被残留在漏斗颈的下层液体所沾污。

不论萃取还是洗涤，上下两层液体都要保留至实验完毕，否则一旦中间操作失误，就无法补偿和检查。萃取操作过程如图 3-33 所示。

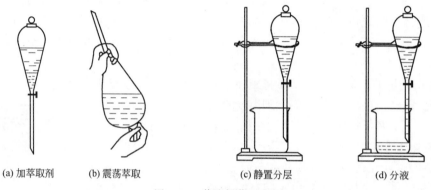

(a) 加萃取剂　　(b) 震荡萃取　　　　　(c) 静置分层　　　　(d) 分液

图 3-33　萃取操作过程

萃取过程中可能会产生两种问题。第一，萃取时剧烈的摇晃会产生乳化现象，使两相界面不清，难以分离。这种现象往往由于存在浓碱溶液，或溶液中存在少量轻质沉淀，或两液相的密度相差较小，或两溶剂易发生部分互溶。破坏乳化现象的方法是较长时间的静置，或加入少量电解质（如氯化钠），或加入少量稀酸（对碱性溶液而言），或加热破乳，还可滴加乙醇。第二，在界面上出现未知组成的泡沫状的固态物质，遇此问题可在分层前过滤除去，即在接收液体的瓶上置一漏斗，漏斗中松松地放少量脱脂棉，将液体过滤。

M3-7　萃取、洗涤和分液操作方法

萃取、洗涤和分液操作方法视频通过扫描二维码 M3-7 观看。

（3）萃取操作注意事项

① 若萃取溶剂为易生成过氧化物的化合物（如醚类）且萃取后为进一步纯化需蒸去此溶剂，则在使用前，应检查溶剂中是否含过氧化物，如含有，应除去后方可使用。

② 若使用低沸点、易燃的溶剂，操作时附近的火都应熄灭，并且当实验室中操作者较多时，要注意排风，保持空气流通。

③ 分液时一定要尽可能分离干净，有时在两相间可能出现的一些絮状物，应与弃去的液体层放在一起。

④ 分液漏斗与碱溶液接触后，必须用水冲洗干净。

⑤ 不用时，顶塞、旋塞应用薄纸条夹好，以防粘住（若已粘住不要硬扭，可用水泡开）。

⑥ 当分液漏斗需放入烘干箱中干燥时，应先卸下顶塞与旋塞，上面的凡士林必须用纸擦净，否则凡士林在烘箱中炭化后，很难洗去。

⑦ 以下任一操作环节都可能造成实验失败。

a. 分液漏斗不配套或活塞润滑脂未涂好造成漏液或无法操作。

b. 对溶剂和溶液体积估计不准，使分液漏斗装得过满，摇晃时不能充分接触，妨碍该化合物对溶剂的分配过程，降低萃取效果。

c. 忘了把玻璃活塞关好就将溶液倒入，待发现后已部分流失。

d. 振摇时，上口气孔未封闭，至使溶液漏出，或者不经常开启活塞放气，使漏斗内压力增大，溶液自玻璃塞缝隙渗出，甚至冲掉塞子。溶液漏失，漏斗损坏，严重时会产生爆炸事故。

e. 静置时间不够，两液分层不清晰时分出下层，不但没有达到萃取目的，反而使杂质混入。

f. 放气时，尾部不要对着人，以免有害气体对人的伤害。

【任务实施】 ‹‹‹—

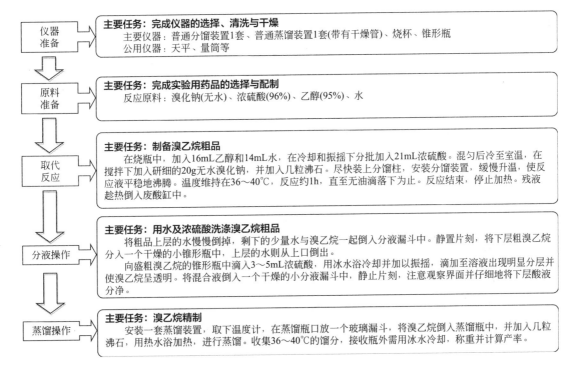

仪器准备 → **主要任务：完成仪器的选择、清洗与干燥**
主要仪器：普通分馏装置1套、普通蒸馏装置1套(带有干燥管)、烧杯、锥形瓶
公用仪器：天平、量筒等

原料准备 → **主要任务：完成实验用药品的选择与配制**
反应原料：溴化钠(无水)、浓硫酸(96%)、乙醇(95%)、水

取代反应 → **主要任务：制备溴乙烷粗品**
在烧瓶中，加入16mL乙醇和14mL水，在冷却和振摇下分批加入21mL浓硫酸。混匀后冷至室温，在搅拌下加入研细的20g无水溴化钠，并加入几粒沸石。尽快装上分馏柱，安装分馏装置，缓慢升温，使反应液平稳地沸腾。温度维持在36～40℃，反应约1h，直至无油滴滴下为止。反应结束，停止加热。残液趁热倒入废酸缸中。

分液操作 → **主要任务：用水及浓硫酸洗涤溴乙烷粗品**
将粗品上层的水慢慢倒掉，剩下的少量水与溴乙烷一起倒入分液漏斗中。静置片刻，将下层粗溴乙烷分入一个干燥的小锥形瓶中，上层的水则从上口倒出。
向盛粗溴乙烷的锥形瓶中滴入3～5mL浓硫酸，用冰水浴冷却并加以振摇，滴加至溶液出现明显分层并使溴乙烷呈透明。将混合液倒入一个干燥的小分液漏斗中，静止片刻，注意观察界面并仔细地将下层酸液分净。

蒸馏操作 → **主要任务：溴乙烷精制**
安装一套蒸馏装置，取下温度计，在蒸馏瓶口放一个玻璃漏斗，将溴乙烷倒入蒸馏瓶中，并加入几粒沸石，用热水浴加热，进行蒸馏。收集36～40℃的馏分，接收瓶外需用冰水冷却，称重并计算产率。

【注意事项】 ‹‹‹—

1. 加入硫酸需要小心飞溅，用冰浴冷却，并不断振摇以使原料混匀；溴化钠需研细，分批加入以免结块。

2. 为了减少溴乙烷挥发，在锥形瓶中放入冷水，将接液管的末端插入水面下，并在锥形瓶外面用冰水冷却。

3. 反应初期会有大量气泡产生，可采用间歇式加热方法，保持微沸，使其平稳反应。暂停加热时要防止尾气管处倒吸。

4. 在加热过程中，当发生水倒吸入接液管中时，应将锥形瓶放低，使接液管暂时离开水面，待水从接液管流出后，再将锥形瓶恢复原位置。

5. 反应结束，先提起尾气管防止倒吸，再撤去火源。趁热将反应瓶内的残渣倒掉，以免结块后不易倒出。

6. 蒸馏所用全套仪器必须干燥，否则蒸出的产品将会出现浑浊。

【问题讨论】<<<——

1. 醇与溴化氢的反应是可逆反应，本实验采取哪些措施，使反应不断向右方向进行？
2. 粗溴乙烷中含哪些杂质？应如何将它们除去？
3. 蒸馏溴乙烷前为什么必须将浓硫酸层分干净？
4. 为什么必须将反应混合物冷却至室温，再加入研细的溴化钠？为何要边加边搅拌？

任务六　邻苯二甲酸二丁酯的制备

邻苯二甲酸二丁酯（英文缩写 DBP），分子式为 $C_{16}H_{22}O_4$，是无色透明、具有芳香气味的油状液体，可燃，易溶于乙醇、乙醚、丙酮和苯。邻苯二甲酸二丁酯是一种优良的增塑剂，是增塑剂中产量和用量最大的一类，属通用型。

邻苯二甲酸二丁酯可使制品具有良好的柔软性，但耐久性差。其稳定性、耐挠曲性、黏结性和防水性均优于其他增塑剂，也可用作胶黏剂、印刷油墨的添加剂及体外寄生虫药。

【任务描述】<<<——

> 以邻苯二甲酸酐、正丁醇、浓硫酸等为主要原料，选择合适的反应装置，利用酯化、洗涤、减压蒸馏等基本操作，在给定的时间内，制备无色油状液体邻苯二甲酸二丁酯。

【任务分析】<<<——

邻苯二甲酸二丁酯可由邻苯二甲酸二甲酯与正丁醇在分子筛存在下发生酯交换反应制得，也可由邻苯二甲酸酐与正丁醇在浓硫酸催化下反应制得。

邻苯二甲酸酐与正丁醇在硫酸催化下反应分两步进行。第一步是酸酐的醇解反应，进行得迅速而完全。第二步是单丁酯与正丁醇发生酯化反应，这步反应是可逆的，进行较缓慢。

本实验除使反应物之一正丁醇过量外，还利用水分离器将反应过程中生成的水不断地从反应体系中移去，以破坏平衡，使反应向生成二丁酯的方向进行。

由于邻苯二甲酸二丁酯的沸点很高，最后精制不能采用普通蒸馏方法，而需采用减压蒸馏技术。

因正丁醇-水共沸点为 $93℃[w(H_2O)=0.445]$，共沸物冷凝后，在水分离器中分层，上层主要是正丁醇 $[w(H_2O)=0.201]$，继续回流到反应瓶中，下层为水 $[w(C_4H_9OH)=0.077]$。

邻苯二甲酸酐　正丁醇　　　　　　邻苯二甲酸单丁酯

邻苯二甲酸单丁酯　　　正丁醇　　　　　　　邻苯二甲酸二丁酯

【相关知识】 <<<—

一、减压蒸馏

1. 减压蒸馏原理

某些具有较高沸点的有机化合物在常压下加热往往还未达到沸点温度时便会发生分解、氧化或聚合的现象，这类化合物不能采用普通蒸馏进行提纯，用减压蒸馏即可避免这种现象的发生。因此减压蒸馏对于分离或提纯沸点较高或性质比较不稳定的液态有机化合物具有重要意义。

由于液体的沸点随外界压力的降低而降低，因此，如果用真空泵与盛有液体的容器连接，使系统内液体表面上的压力降低，便可降低液体的沸点，使得液体在较低的温度下汽化而逸出，继而冷凝成液体，然后收集在一容器中，这种在较低压力下进行蒸馏的操作称为减压蒸馏。

人们通常把低于 1×10^5 Pa 的气态空间称为真空，欲使液体沸点下降得多就必须提高系统内的真空程度。实验室常用水喷射泵（水泵）及真空泵（油泵）来提高系统真空度。

为选择合适的热浴和温度计，在实际操作前应查出欲蒸馏物质在预定压力下相应的沸点，若查不到则可根据经验曲线找出该物质在此压力下的沸点（近似值）。液体在常压下的沸点与减压下沸点的近似关系图如图 3-34 所示。

例如，苯乙酮在常压下沸点为 202.6℃，欲减压至 20×133 Pa，它的沸点查找方法是：先在图 3-34 中间的直线上找出相当于 203℃ 的点，将此点与右边直线上 20×133 Pa 处的点连成一直线，延长此直线与左边的直线相交，交点所示温度就是 20×133 Pa 时苯乙酮的沸点，为 90℃ 左右。

一般说，当压力由大气压降低到 25×133 Pa 左右时，大多数有机物沸点比常压（101325Pa）下的沸点低 $100 \sim 125$℃左右；当减压蒸馏在 $10 \times 133 \sim 25 \times 133$ Pa 之间进行时，大体上压力每相差 133Pa，沸点约相差 1℃。

2. 减压蒸馏装置

常用的减压蒸馏装置有水泵、油泵两种，如图 3-35、图 3-36 所示。整个系统可分为蒸馏、减压（抽气）以及在它们之间的保护和测压装置三大部分。

（1）蒸馏部分

这一部分与普通蒸馏相同，也是由三个部分组成。

① 蒸馏烧瓶。通常选用配有克氏蒸馏头的标准圆底烧瓶，有两个颈，其目的是为了避免减压蒸馏时瓶内液体由于沸腾而冲入冷凝管中，瓶的一颈中插入一根末端拉成很细的毛细管，距瓶底 $1 \sim 2$ mm，作用是使液体平稳蒸馏，避免因过热造成暴沸溅跳现象。

② 冷凝器。通常与普通蒸馏时相同。如果待蒸馏液较少且沸点高或为低熔点固体，可不用冷凝管，可采用如图 3-37 中的装置。

③ 接收器。减压蒸馏装置往往用多个梨形（圆形）烧瓶接在多头接液管上，如图 3-38

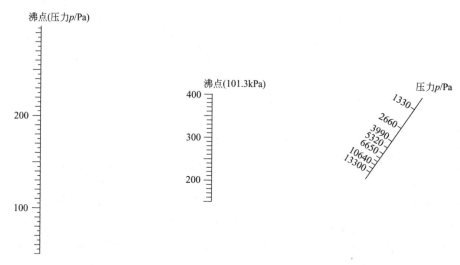

图 3-34　液体在常压下的沸点与减压下沸点的近似关系图

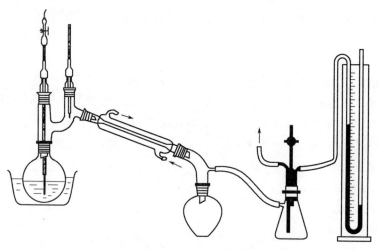

图 3-35　水泵减压蒸馏装置

所示。

此外，一定要按普通蒸馏实验中所拟定的标准选择所用热浴。不管选定何种热浴，一般都以控制其浴温比液体沸点高出 20～30℃为宜。

（2）减压部分

实验室通常用油泵进行减压。油泵的效能取决于油泵机械结构以及泵油的好坏（泵油的蒸气压必须很低），当所选油牌号与泵的要求匹配时，油泵能将真空度抽到 13Pa，甚至 0.13Pa。

一般使用油泵时，系统的压力常控制在（5～10）×133Pa 之间，因为在沸腾液体的表面上要获得 5×133Pa 以下的压力比较困难。这是由于蒸气从瓶内的蒸发面逸出而经过瓶颈和支管（内径为 4～5mm）时，需要有（1～8）×133Pa 的压力差。如果要获得较低的压力，可选用短颈和支管粗的克氏蒸馏瓶。

（3）保护和测压装置部分

① 保护部分。使用油泵时，要防止有机蒸气、水蒸气和酸性气体浸入，它们都会降低

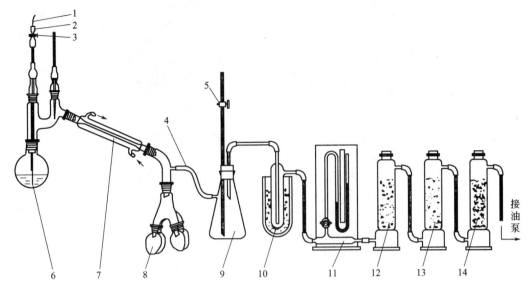

图 3-36　油泵减压蒸馏装置

1—细铜丝；2—乳胶管；3—螺旋夹；4—真空胶管；5—二通活塞；6—毛细管；7—冷凝管；

8—接收瓶；9—安全瓶；10—冷却阱；11—压力计；12—无水氯化钙；13—氢氧化钠；14—石蜡片

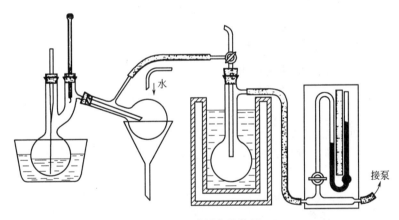

图 3-37　减压蒸馏装置

泵的真空度，酸性气体还会腐蚀泵体。为了防止有害气体浸入泵体，前面需要装三个吸收瓶，如图 3-36 装置中的 12、13、14 所示，在吸收瓶前面安装一个冷却阱，如图 3-36 装置中 10 所示。吸收瓶和油泵之间应装一个安全瓶 9 起缓冲和防止泵油倒吸的作用。瓶口安装一个二通旋塞 5，用来调节系统压力和放气。为使整个体系中仪器安排得十分紧凑，可将油泵及其保护装置、压力计安装在一台油泵小推车上，车上的装配办法可参考图 3-39。

在使用水泵时，也需安装安全瓶，以防水压突降造成倒吸。停止抽气时，必须先打开二通旋塞与大气相通，再停泵。

② 测压部分。测量减压系统的压力常用的压力计也有玻璃和金属两种。玻璃压力计通常使用的是水银压力计（压差计），是将汞装入 U 形玻璃管中制成的，有开口式和封闭式两种型式。

开口式水银压力计如图 3-40(a) 所示。其特点是管长必须超过 760mm，读数时必须配

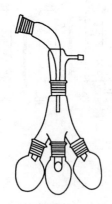

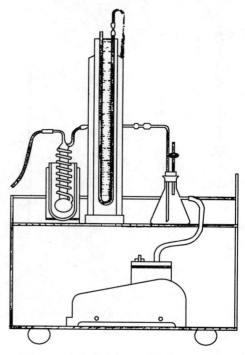

图 3-38　多瓶接收器（减压蒸馏时使用）　　　　　图 3-39　安装在小车上的保护及抽气装置

有大气压计，因为两管中汞柱高度的差值是大气压力与系统内压之差，所以蒸馏体系的真空度应为大气压与汞柱高度的差值，其所量压力较准确。

封闭式水银压力计如图 3-40(b) 所示。它比开口水银压力计轻巧、读数方便，两臂液面高度之差即为蒸馏系统中的真空度，但不及开口水银压力计所量压力准确，常常需用开口的压力计来校正。

金属制压力表如图 3-41 所示。其所量压力的准确程度完全由机械设备的精密度决定。一般的压力表所量压力不太准确，然而它轻巧、不易损坏、使用安全。将其装在实验台上测量对压力准确度要求不高时的水泵减压蒸馏体系的内压很方便。例如，在油泵减压蒸馏前用水泵减压蒸馏时，用它测量体系内压就很合适。

3. 减压蒸馏装置的操作方法

（1）安装、检查

操作时，首先要调节测定减压系统的降低效果可否达到预期的真空度，达不到预期真空度时应调换真空源。如果不是泵的问题，而不能达到所需真空度，说明漏气，则分段检查出漏气的部分，特别是各接口部分及与橡胶管口连接处。然后在漏气部位均匀地涂上一层熔化石蜡。

（2）加料、调节

加入待蒸馏的液体，量控制在烧瓶容积的 1/3～1/2，打开真空泵前应先打开安全瓶上的旋塞。开泵，后再逐渐关闭安全瓶上的旋塞，使真空泵开始抽真空。完全关闭二通活塞，从压力计上观察体系内压力是否符合要求，如果超过所需真空，可小心旋转二通活塞，慢慢地引进少量空气，同时注意观察压力计上的读数，以调节体系内压力到所需值。稍稍放松螺旋夹上的螺旋，使液体中有连续平稳的小气泡冒出，这样既进行了体系压力的微调，又调节了由毛细管进入体系的空气流量。

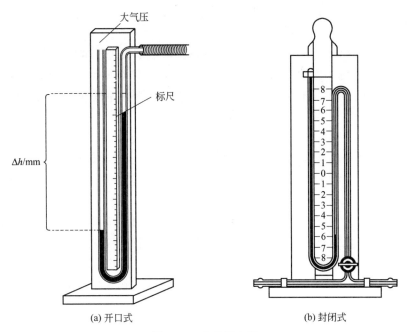

图 3-40 水银压力计

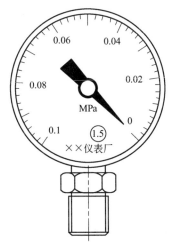

图 3-41 金属制压力表

（3）减压蒸馏

在系统压力达到所需值后，开启冷凝水，选用合适的热浴加热蒸馏。加热时，烧瓶的圆球部位至少应有 2/3 浸入浴液中，在浴液中放一温度计，控制浴液温度比待蒸馏液体的沸点高 20～30℃，使每秒馏出 1～2 滴。

（4）观察、记录

在整个减压蒸馏过程中，要密切观察并随时记录时间、压力、蒸馏的沸点、浴液的温度、馏出液速率等数据，随时进行真空度和浴液温度的调节，以达到最佳蒸馏效果。

（5）结束蒸馏

蒸馏完毕后，撤去热源，待体系稍冷后，慢慢打开毛细管上的螺旋夹，并渐渐打开二通活塞，缓慢解除真空，使体系内压力与外界压力平衡后方可关闭真空泵，最后关上冷凝水。

拆卸装置时，仍按从右往左、由上而下的顺序。

4. 减压蒸馏装置操作注意事项

① 被蒸馏液中含低沸点物质时，通常先进行普通蒸馏再进行减压蒸馏。

② 在减压蒸馏系统中应选用耐压的玻璃仪器（如蒸馏烧瓶、圆底烧瓶、梨形瓶、抽滤瓶等），切忌使用薄壁的甚至有裂纹的玻璃仪器，尤其不要用平底瓶（如锥形瓶），否则易引起内向爆炸，冲入的空气会粉碎整个玻璃仪器。

③ 在整个蒸馏过程中，封闭式的水银压力计的活塞应经常关闭，观察压力时打开，记录完毕随时关上，以免仪器破裂时使体系内的压力突变，水银冲破玻璃管洒出。

④ 洒落台面和地面的汞，应立即仔细地收集起来，盛在小口容器中，加水封起来或将硫黄盖在汞上。

⑤ 在蒸馏过程中，插入瓶颈中的毛细管折断或堵塞时应立即更换。无论更换毛细管还是接收瓶都必须先停止加热，稍冷后，松开毛细管上螺旋夹（这样可防止液体吸入毛细管），再渐渐打开二通活塞缓慢解除体系真空后才能进行。

⑥ 每次重新蒸馏，都要更换毛细管（原毛细管通气流畅未堵塞时例外）并重新添加玻璃沸石。

二、压力的测量

压力是描述体系状态的一个重要参数。物质的许多物理性质，如熔点、蒸气压、沸点等都与压力有关。压力对物质的相变化和气相化学反应有很大的影响。因此，压力的测量及控制很重要。

1. 压力的表示方法

垂直作用于物体单位面积上的力，叫做压强，在化学上也常称为压力。压力的单位为帕，符号 Pa。压力有绝对压力、表压、负压（真空度）之分，它们之间的关系如图 3-42 所示。

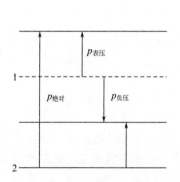

图 3-42 表压、绝对压力和负压（真空度）关系
1—大气压力线；2—绝对压力零线

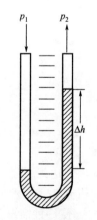

图 3-43 U 形管水银压力计

2. U 形管压力计的使用与校正

U 形管压力计具有结构简单、制作容易、使用方便、能测微小压差的优点，实验室中广泛用于测量压差或真空度。

U 形管水银压力计如图 3-43 所示。使用时，一端连至待测压力系统，另一端连至已知压力的基准系统，管内充水银，则待测压力为：

$$p_{系统}=p_{基准}+\Delta h\rho g$$

式中　Δh——水银柱高度差，m；

　　　ρ——水银的密度，kg/m^3；

　　　g——重力加速度，9.8N/kg。

由于 U 形管内的水银的密度和压力计木制标尺的长度随温度不同会发生变化，因此 U 形管水银压力计的读数也需进行温度校正。

$$\Delta h_0=\frac{1+\beta t}{1+\alpha t}\Delta h=\Delta h-\Delta h\frac{\alpha t-\beta t}{1+\alpha t}$$

式中　Δh_0——将读数校正到0℃时的读数，m；

　　　Δh——压力计读数，m；

　　　t——测量计的温度，℃；

　　　α——水银在0～35℃间的平均体膨胀系数，取值0.0001819℃$^{-1}$；

　　　β——木制标尺的线膨胀系数，约1×10^{-6}℃$^{-1}$。

若不考虑木制刻度尺的线膨胀系数，则校正值为：

$$\Delta h_0=\Delta ht(1-0.00018t)$$

表 3-5　玻璃管内汞弯液面校正值　　　　　　　单位：133Pa

管径/mm	弯液面高度/mm					
	0.6	0.8	1.0	1.2	1.4	1.6
5	0.65	0.86	1019	1.45	1.8	
6	0.41	0.56	0.78	0.98	1.21	1.43
7	0.28	0.40	0.53	0.67	0.82	0.97
8	0.20	0.29	0.38	0.45	0.56	0.65

在实际使用 U 形管水银压力计时，水银柱的高度差（Δh）常以 mm 为单位，由上式换算成 Δh_0 后，再根据$1mmHg=1.333\times10^2Pa$的关系将单位换算成 Pa。

由于玻璃管径的不同及管壁清净程度的差别，水银的弯液面也略有差异。故精确的测量还要加上弯液面的校正值，见表 3-5。

例如，玻璃管内径为 6mm，汞弯液面高度为 1.2mm 时，其汞弯液面校正值为：

$0.98\times133Pa\approx130Pa$。

3. 弹簧管压力计及真空表

弹簧管压力计如图 3-44 所示，是利用各种金属弹性元件受压后产生弹性变形的原理而制成的测压仪表。

当弹簧管内压力等于管外的大气压时，表上指针指在零位读数上；当管内压力大于大气压时，则弹簧管受压，使管内椭圆形截面扩张而趋于圆形，从而使弧形管伸张而带动连杆，这一很小的变形经扇形齿轮和小齿轮

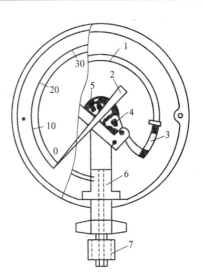

图 3-44　弹簧管压力表

1—金属弹簧管；2—指针；3—连杆；

4—扇形齿轮；5—弹簧；6—底座；

7—测压接头

放大后，使表面指针指出相应的压力（即表压）。

如果被测气体或液体的压力低于大气压，可用弹簧真空表，其构造与弹簧压力表相同，只是当管内流体压力低于管外大气压时，弹簧管向内弯曲，表面上指针从零位向相反方向转动，所示读数即为真空度。有的弹簧管压力表将零位读数刻在中间，即可测表压，也可测真空度，称为弹簧压力真空表。

弹簧压力计和真空表的特点是：结构简单，读数方便，测压范围广，牢固耐用，价格便宜，但准确度较差。在工业生产和实验室中应用十分广泛。

在选用弹簧压力计时，为了保证指示的可靠性，正常操作压力值应介于压力表测量值上限的 1/3～2/3 之间。此外还应考虑被测介质的性质（如温度、黏度、腐蚀性、脏污程度等）和现场工作条件，以此来确定表的种类、材质及型号等。

【任务实施】 <<<←

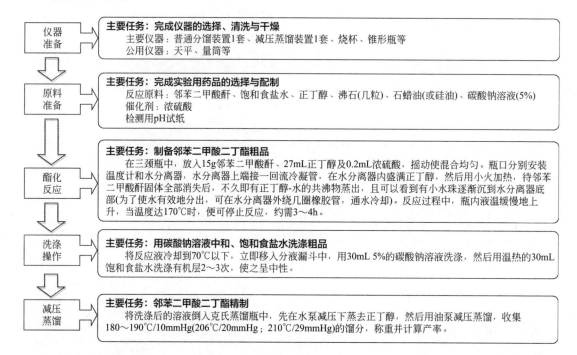

仪器准备	**主要任务：完成仪器的选择、清洗与干燥** 主要仪器：普通分馏装置1套、减压蒸馏装置1套、烧杯、锥形瓶等 公用仪器：天平、量筒等
原料准备	**主要任务：完成实验用药品的选择与配制** 反应原料：邻苯二甲酸酐、饱和食盐水、正丁醇、沸石(几粒)、石蜡油(或硅油)、碳酸钠溶液(5%) 催化剂：浓硫酸 检测用pH试纸
酯化反应	**主要任务：制备邻苯二甲酸二丁酯粗品** 在三颈瓶中，放入15g邻苯二甲酸酐、27mL正丁醇及0.2mL浓硫酸，摇动使混合均匀。瓶口分别安装温度计和水分离器，水分离器上端接一回流冷凝管，在水分离器内盛满正丁醇，然后用小火加热，待邻苯二甲酸酐固体全部消失后，不久即有正丁醇-水的共沸物蒸出，且可以看到有小水珠逐渐沉到水分离器底部(为了使水有效地分出，可在水分离器外绕几圈橡胶管，通水冷却)。反应过程中，瓶内液温缓慢地上升，当温度达170℃时，便可停止反应，约需3～4h。
洗涤操作	**主要任务：用碳酸钠溶液中和、饱和食盐水洗涤粗品** 将反应液冷却到70℃以下，立即移入分液漏斗中，用30mL 5%的碳酸钠溶液洗涤，然后用温热的30mL饱和食盐水洗涤有机层2～3次，使之呈中性。
减压蒸馏	**主要任务：邻苯二甲酸二丁酯精制** 将洗涤后的溶液倒入克氏蒸馏瓶中，先在水泵减压下蒸去正丁醇，然后用油泵减压蒸馏，收集180～190℃/10mmHg(206℃/20mmHg；210℃/29mmHg)的馏分，称重并计算产率。

【注意事项】 <<<←

1. 在无机酸存在下，温度高于180℃时，邻苯二甲酸二丁酯容易发生分解，因此应严格控制反应温度，不可过高。

2. 碱洗时，温度不可超过70℃，碱的浓度也不宜过高，更不能使用氢氧化钠。否则，易发生酯的水解反应。

【问题讨论】 <<<←

1. 正丁醇在浓硫酸存在下加热至较高温度时，会发生哪些反应？本实验中若浓硫酸用量过多，会有什么不良影响？

2. 用碳酸钠溶液洗涤粗产品的目的是什么？洗涤操作应注意哪些问题？

3. 减压蒸馏时，是否有前馏分？为什么？

4. 为什么用饱和食盐水洗涤后，不必进行干燥，即可进行蒸去正丁醇的操作？

任务七　八角茴香油的提取

八角，是八角树的果实，又称茴香、八角茴香、大料，是中国和东南亚地区烹饪的调味料之一。八角是我国的特产，盛产于广东、广西等地。八角果实含有挥发油、脂肪油、蛋白质、树脂等，提取物称为八角茴香油（茴油），主要成分为茴香醚、茴香醛、茴香酮、黄樟醚和水芹烯等。茴香油能刺激胃肠神经血管，促进消化液分泌，增加胃肠蠕动，有健胃、行气的功效，有助于缓解痉挛、减轻疼痛。

八角茴香油，又称茴油，分子式为 $C_{10}H_{12}O$，是无色或淡黄色的澄清液体，气味与八角茴香类似，密度为 $0.980\sim0.994g/cm^3$（15℃），折射率为 $1.553\sim1.56$（20℃），溶于乙醇和乙醚。低温下常发生浑浊或析出结晶，加温后又澄清。

【任务描述】 <<<—

　　以八角茴香（大料）为主要原料，选择合适的反应装置，利用水蒸气蒸馏、萃取等基本操作，在给定的时间内，制备液体八角茴香油。

【任务分析】 <<<—

由于茴香脑沸点较高（233～235℃），蒸气压也较高，易挥发，当它与水共存蒸馏时，它们的蒸气相互混合在一起从而共同馏出，待馏出液冷却后，各组分从水中分层析出。这种方法也是从天然原料中分离出香精油的常用方法。

【相关知识】 <<<—

一、水蒸气蒸馏原理

水蒸气蒸馏是利用某些有机物（不与水混溶）可随水蒸气一起蒸馏出来，使它们从混合物中被分离的方法。水蒸气蒸馏是分离和提纯有机物常用的方法之一。

以下情况需采用水蒸气蒸馏：

① 常压蒸馏会发生分解的高沸点有机物；

② 从含树脂状杂质或不挥发性杂质的混合物中分离出挥发性的有机物；

③ 从含不挥发固体的混合物中，将少量挥发性杂质除去。

当两种互不相溶的挥发性物质混合在一起时，每种组分都将保持本身的蒸气压，即每种组分在某温度下的分压等于此种纯物质的蒸气压。当水和不溶（或难溶）于水的挥发性有机物混合在一起时，整个体系的蒸气压力应为两者蒸气压之和，即 $p=p(H_2O)+p(A)$［式中 p 为总蒸气压，$p(H_2O)$ 为水的蒸气压，$p(A)$ 为有机物的蒸气压］。将混合物加热，蒸气压随温度升高而增大，当各组分蒸气压之和等于外界大气压（101325Pa）时，混合物就开始沸腾。此时的温度即混合物的沸点。

例如，把溴苯和水的混合物加热到95.5℃时，混合物就开始沸腾。因为在该温度，溴苯的蒸气压为 15198.2Pa，水的蒸气压为 86126.3Pa，两者的总蒸气压为 101325Pa。显然混合物的沸点比两种物质的沸点都要低（溴苯沸点为156℃）。因此沸点高于100℃的有机物，进行水蒸气蒸馏，可以在低于100℃蒸馏出来。

水蒸气蒸馏的馏出液中，有机物（A）和水的质量比 $w(A)：w(H_2O)$ 可以根据气体分压定律进行计算。

混合蒸气中，有机物和水蒸气的分压之比 $p(A)：p(H_2O)$，应等于它们的摩尔分数之比 $x(A)：x(H_2O)$，它们分别表示在一定体积的气相中的摩尔分数，即

$$p(A)：p(H_2O)=x(A)：x(H_2O)$$

由于馏出液是蒸气冷凝而形成，故馏出液中有机物与水的摩尔分数之比仍为 $x(A)：x(H_2O)$。而 $x(A)=w(A)/M(A)$，$x(H_2O)=w(H_2O)/M(H_2O)$，$M(A)$ 与 $M(H_2O)$ 分别表示有机物与水的分子量。由此可推出下式：

$$\frac{w(A)}{w(H_2O)}=\frac{M(A)x(A)}{M(H_2O)x(H_2O)}=\frac{M(A)p(A)}{M(H_2O)p(H_2O)}$$

由上式可以得出结论：有机物和水的相对质量与其蒸气压和分子量成正比。

例如，溴苯进行水蒸气蒸馏时，馏出液中溴苯和水的质量比为：

$$\frac{w(溴苯)}{w(H_2O)}=\frac{157×15198.8}{18×86126.3}=\frac{10}{6.5}$$

即每蒸出6.5g水能够带出10g溴苯，溴苯在馏出液中占61%（质量分数）。

因此，使用水蒸气蒸馏方法进行分离提纯的有机物应具备以下三个条件：

① 不溶或几乎不溶于水；

② 在沸腾温度下不与水蒸气发生化学反应；

③ 在100℃左右必须具有一定的蒸气压（一般不得小于1300Pa）。

二、水蒸气蒸馏装置

水蒸气蒸馏装置一般由水蒸气发生器、蒸馏烧瓶、直形冷凝管和接收器等组成。水蒸气发生器通常为铜制容器，也可由白铁皮制成，还可以用圆底烧瓶代用。具体装置如图3-45、图3-46所示。其安装方法视频通过扫描二维码M3-8观看。

M3-8　水蒸气蒸馏
装置安装方法

（1）水蒸气发生器

水蒸气发生器通常采用铜或铁制品，蒸馏时盛约半罐水，可从侧面玻璃管观察水的液面。上口插入一根玻璃管，管的末端应接近容器底部，起安全作用，蒸馏过程中，它可消除意外的高压，保证操作的安全，可从管中水位的高低与升降情况，判断系统是否发生堵塞。水蒸气发生器也可用三颈瓶代替。

采用长颈圆底烧瓶作蒸馏瓶，用铁夹固定，烧瓶和桌面成45°角，以防飞溅的液体泡沫被带入冷凝管中。瓶内所盛液体的量不得超过烧瓶容积的1/3。瓶口配一双孔塞，其中一孔插入水蒸气导入管，末端应接近瓶底。另一孔插入蒸气导出管，此管径约10mm，弯曲处的前段应尽量短一些，露出塞面5～10mm，它的另一端与直形冷凝管（较长）相连接。

导入管制作方法为：取一根内径约7mm的玻璃管，一端弯成135°角，插入塞孔，再将另一端也弯成135°角（在同平面内）。

（2）蒸馏部分

用T形管将水蒸气发生器与蒸馏瓶相连接。安装在水蒸气发生器的支管和水蒸气导入管之间，T形管的下端接一段橡胶管和一个弹簧夹。当安全管中的水位升高时，可立即打开螺旋夹，

使体系与大气相通，然后再排除故障，此外它还可用来放掉 T 形管中积存的冷凝水。

应当注意：水蒸气蒸馏装置各连接口必须严密不漏气。

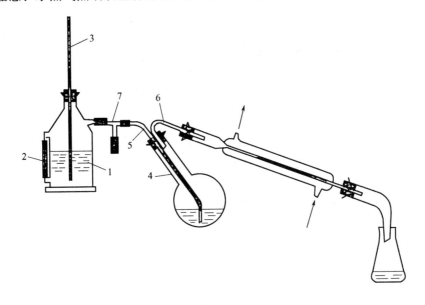

图 3-45 水蒸气蒸馏装置

1—水蒸气发生器；2—液面计；3—安全管；4—长颈圆底烧瓶；5—水蒸气导入管；6—蒸气导出管；7—T 形管

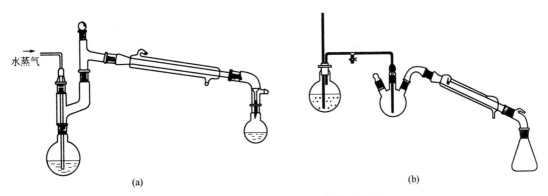

(a)　　　　　　　　　　　　　　　　　(b)

图 3-46 水蒸气蒸馏装置（标准磨口仪器）

三、水蒸气蒸馏操作

（1）加料

将待蒸馏的物料加入蒸馏瓶中，瓶内液体不能超过其容量的 1/3。

（2）安装仪器

按照水蒸气蒸馏装置按照顺序进行仪器安装。

（3）加热蒸馏

先打开连于 T 形管下端的弹簧夹，加热水蒸气发生器，待水沸腾后，将弹簧夹夹住 T 形管下端的橡胶管，进行水蒸气蒸馏。当冷凝的乳浊液进入接收器时，应控制加热速率以控制液体馏出速率，一般为 2～3 滴/s。此外还可调节冷凝水的流量以保证混合物蒸气能充分冷凝。

（4）蒸馏结束

当馏出液澄清透明，不含有油珠的有机物时，即可停止蒸馏。蒸馏完毕，先打开弹簧夹后停止加热，以免发生倒吸现象。

【任务实施】 <<<—

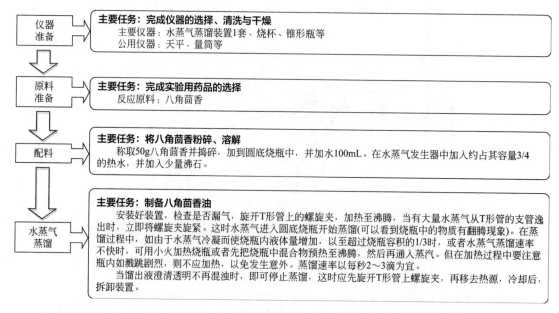

【注意事项】 <<<—

1. 水蒸气发生器中的水不能太满，否则沸腾时水将冲至烧瓶，并且最好在水蒸气发生器中加进沸石起助沸作用。

2. 如果系统内发生堵塞，水蒸气发生器中的水会沿安全管迅速上升甚至会从管的上口喷出，这时应立即中断蒸馏，待故障排除后继续蒸馏。

3. 当冷凝管夹套中要重新通入冷却水时，要小心而缓慢，以免冷凝管因骤冷而破裂。

4. 加热反应瓶时要注意瓶内溅跳现象，如果溅跳剧烈，则不应加热，以免发生意外。

5. 在操作时，要随时注意安全管中的水柱是否发生不正常的上升现象，以及烧瓶中的溶液是否发生倒吸现象，蒸馏部分混合物溅飞是否厉害。一旦发生不正常现象，应立即旋开螺旋夹，移去热源，找出原因加以排除，才能继续蒸馏。

【问题讨论】 <<<—

1. 水蒸气蒸馏的基本原理是什么？有何意义？与一般蒸馏有何不同？

2. 安全管和 T 形管各起什么作用？

3. 如何判断水蒸气蒸馏的终点？

4. 停止水蒸气蒸馏时，在操作的顺序上应注意些什么？为什么？

5. 为什么一般进行水蒸气蒸馏时，蒸出液由浑浊变澄清后再多蒸出 10～20mL 的透明蒸出液？如果不这样做有什么影响？

拓展任务一　消字灵的配制

消字灵，又称去字灵，退字灵。日常写作中出现一些写错或需要修改的地方，涂涂改改会显得文章很零乱，特别是有些写错的段落不想把痕迹留在原稿上，用橡皮擦也擦不掉，这时用"消字灵"将原来的字迹消除是最理想的方法。"消字灵"就是学生普遍使用的"魔笔"内的药液。

制备"消字灵"的方法很多，这里只介绍一种最简单的制备方法。

【任务描述】 <<<←

> 以漂白粉（固）、Na_2CO_3（固）为主要原料，选择适合的实验操作方法，制备"消字灵"液体。

【任务分析】 <<<←

漂白粉是 $Ca(ClO_3)_2 \cdot 2H_2O$ 和 $CaCl_2 \cdot Ca(OH)_2 \cdot 2H_2O$ 的混合物，其有效成分是 $Ca(ClO_3)_2$。当其与 Na_2CO_3 混合时，会发生如下反应：

$$Ca(ClO_3)_2 + Na_2CO_3 \longrightarrow CaCO_3 \downarrow + 2NaClO_3$$

由于是 NaClO 强氧化剂，能与蓝墨水中的有机色素作用而使其褪色，因此，"消字灵"溶液具有消字作用。

在制备"消字灵"过程中，要用到溶解、搅拌和常压过滤等操作技术。

【任务实施】 <<<←

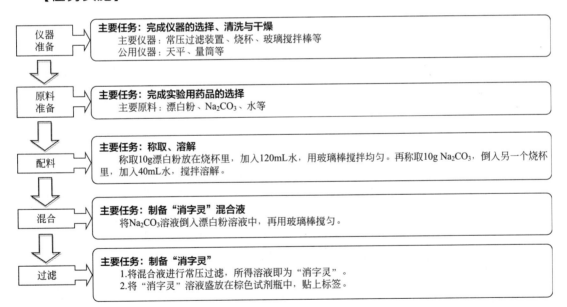

仪器准备	**主要任务：完成仪器的选择、清洗与干燥** 主要仪器：常压过滤装置、烧杯、玻璃搅拌棒等 公用仪器：天平、量筒等
原料准备	**主要任务：完成实验用药品的选择** 主要原料：漂白粉、Na_2CO_3、水等
配料	**主要任务：称取、溶解** 称取10g漂白粉放在烧杯里，加入120mL水，用玻璃棒搅拌均匀。再称取10g Na_2CO_3，倒入另一个烧杯里，加入40mL水，搅拌溶解。
混合	**主要任务：制备"消字灵"混合液** 将Na_2CO_3溶液倒入漂白粉溶液中，再用玻璃棒搅匀。
过滤	**主要任务：制备"消字灵"** 1.将混合液进行常压过滤，所得溶液即为"消字灵"。 2.将"消字灵"溶液盛放在棕色试剂瓶中，贴上标签。

【问题讨论】 <<<←

1. 制备"消字灵"溶液时，都采用了哪些基本实验操作？

2. 为什么要将"消字灵"溶液盛放在棕色试剂瓶中？

3. 另一种制备"消字灵"的方法是，将浓盐酸和高锰酸钾反应，生成氯气，然后把生成的氯气通入氢氧化钠溶液中。试写出有关化学反应方程式。

拓展任务二　从茶叶中提取咖啡因

咖啡因又叫咖啡碱，是嘌呤衍生物，是一种存在于茶叶、咖啡、可可等植物中的生物碱。咖啡因最初是 1820 年由林格（Runge）从咖啡豆中提取得到的，其后在茶叶中亦有发现。我国在 1950 年从茶叶中提得咖啡因，自 1958 年采用合成法生成。

咖啡因具有能激活中枢神经系统的功效，可用于制造长效镇痛药物，用来抵抗困倦、伤风感冒、哮喘和水肿等不适症状。同时，咖啡因也是复方阿司匹林等药物的组分之一。因此，咖啡因在医药上有重要的作用。

茶叶中含有单宁酸、色素、纤维素等物质，也含有 1‰～5‰ 的咖啡因。我国是茶叶的生产大国，资源丰富，从茶叶中提取咖啡因的方法很多。这里只介绍一种最简单的制备方法。

【任务描述】 <<←—

以茶叶为主要原料，选择适合的实验操作方法，提取一定数量的咖啡因。

【任务分析】 <<←—

咖啡因是弱碱性化合物，化学名称为 1,3,7-三甲基-2,6-二氧嘌呤。纯品咖啡因为白色针状结晶体，无臭，味苦，易溶于水、乙醇、氯仿、丙酮，微溶于石油醚，难溶于苯和乙醚。它是弱碱性物质，水溶液对石蕊试纸呈中性反应。咖啡因在 100℃ 时即失去结晶水，并开始升华，120℃ 时升华相当显著，至 178℃ 时升华很快，无水咖啡因的熔点为 234.5℃。

为了提取茶叶中的咖啡因，往往利用适当的溶剂（如氯仿、乙醇、苯等）在索氏提取器中连续萃取，然后蒸出溶剂，即得粗咖啡因。粗咖啡因中还含有一些生物碱和杂质，再利用升华法可进一步纯化。

【相关知识】 <<←—

一、固体物质的萃取

固体物质的萃取通常采用浸取法和索氏提取法两种方法。

浸取法是采用适当的溶剂对固体物质进行浸润溶解，其中易溶的成分被慢慢地浸取出来。此法简单，不用任何特殊器皿，但消耗的溶剂量大，花费时间较长，效率不高，也不经济，只有所选用的溶剂对待浸取组分有很大溶解度时才比较有效。但由于可在常温或低温下进行，适用于受热易分解或变质的物质的分离（如中草药中特效组分的提取）。

索氏提取法采用的是索氏提取器来完成固体物质的萃取。索氏提取器又叫脂肪提取器或脂肪抽出器，它是利用溶剂回流及虹吸的原理，使固体物质连续不断地被新的纯溶剂浸泡，实现连续多次萃取的，既节约溶剂，萃取效率又高。

1. 索氏提取装置

索氏提取装置如图 3-47 所示，下部为圆底烧瓶，放置溶剂（萃取剂），中间为提取器，放入被萃取的固体物质，上部为冷凝器。提取器装有蒸气上升管和虹吸管。

2. 索氏提取装置安装

① 确定位置。按由下而上的顺序，先调节好热源的高度，用万能夹固定住圆底烧瓶。

② 安装提取器。将球形冷凝管并用万能夹夹住，调整角度，使圆底烧瓶、提取器、冷凝管在同一条直线上且垂直于实验台面。

③ 安装滤纸套。滤纸套大小既要紧贴器壁，又要能方便取放，其高度不得超过虹吸管，纸套上面可折成凹形，以保证回流液均匀浸润被萃取物。

3．索氏提取器的操作方法

① 圆底烧瓶中装入溶剂，将研细的固体试样放在滤纸套内，封好上、下口，置于提取器中。

② 通冷凝水，选择适当的热浴进行加热。

③ 当溶剂受热沸腾时，蒸气通过蒸气上升管进入冷凝管内被冷却为液体，滴入提取器中，浸泡固体试样并萃取部分物质。

④ 当液面超过虹吸管的最高处时，即虹吸流回烧瓶，萃取出溶于溶剂的部分物质。反复利用回流、溶解和虹吸作用使固体中的可溶物质富集到烧瓶中。

⑤ 用其他方法将萃取得到的物质从溶液中分离出来。

4．使用索氏提取器注意事项

① 用滤纸套装研细的固体物质时要严谨，防止漏出堵塞虹吸管。

② 在圆底烧瓶内要加入沸石。

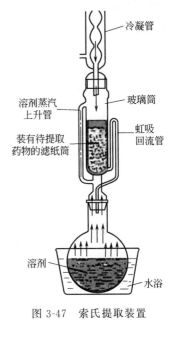

图 3-47 索氏提取装置

二、升华技术

某些物质在固态时具有相当高的蒸气压，当加热时，不经过液态而直接变为气态，这个过程叫升华。蒸气受到冷却又直接冷凝成固体，这个过程中，固体就获得提纯。升华是提纯固体有机化合物重要方法之一。

若固态混合物具有不同的挥发度，则可采用升华法进行提纯。由于升华可得到较高的纯度的产品，适用于提纯易潮解及与溶剂起离解作用的物质。但升华法只能用于在不太高的温度下有足够大的蒸气压力（在熔点前高于 266.6Pa）的固态物质，因此有一定的局限性。

升华可在常压或减压的条件下进行。

1．常压升华

常压下简单的升华装置如图 3-48 所示，由蒸发皿、滤纸和玻璃漏斗组成。操作时，先

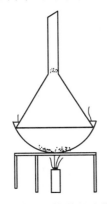

图 3-48　常压下简单的升华装置

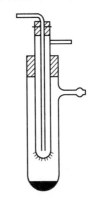

图 3-49　少量物质的减压升华装置

将固体试样干燥并研细，放到瓷蒸发皿中，用一张穿有许多小孔（孔刺向上）的滤纸覆盖蒸发皿，以避免升华上来的物质再落到蒸发皿内，再用一个直径小于蒸发皿的漏斗扣在上面，漏斗颈用棉花塞住，防止蒸气逸出。

操作时，用沙浴加热，并控制加热温度（低于被升华物质的熔点以下），使其慢慢升华。蒸气穿过滤纸小孔冷却后凝结为固体，黏附在滤纸上或漏斗壁上。

升华结束后，用刮刀将产品从滤纸上刮下，收集产品于干净的器皿中。

2. 减压升华

有时为了加快升华速率，可在减压下进行升华。减压升华法也适用于常压下其蒸气压不大或受热易分解的物质，用于少量物质的减压升华装置如图 3-49 所示。

【任务实施】 ‹‹‹——

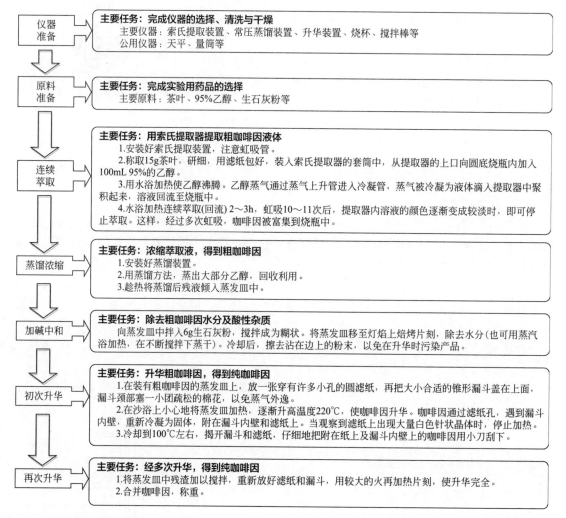

仪器准备	**主要任务：完成仪器的选择、清洗与干燥** 　主要仪器：索氏提取装置、常压蒸馏装置、升华装置、烧杯、搅拌棒等 　公用仪器：天平、量筒等
原料准备	**主要任务：完成实验用药品的选择** 　主要原料：茶叶、95%乙醇、生石灰粉等
连续萃取	**主要任务：用索氏提取器提取粗咖啡因液体** 　1.安装好索氏提取装置，注意虹吸管。 　2.称取15g茶叶，研细，用滤纸包好，装入索氏提取器的套筒中，从提取器的上口向圆底烧瓶内加入100mL 95%的乙醇。 　3.用水浴加热使乙醇沸腾。乙醇蒸气通过蒸气上升管进入冷凝管，蒸气被冷凝为液体滴入提取器中聚积起来，溶液回流至烧瓶中。 　4.水浴加热连续萃取(回流) 2～3h，虹吸10～11次后，提取器内溶液的颜色逐渐变成较淡时，即可停止萃取。这样，经过多次虹吸，咖啡因被富集到烧瓶中。
蒸馏浓缩	**主要任务：浓缩萃取液，得到粗咖啡因** 　1.安装好蒸馏装置。 　2.用蒸馏方法，蒸出大部分乙醇，回收利用。 　3.趁热将蒸馏后残液倾入蒸发皿中。
加碱中和	**主要任务：除去粗咖啡因水分及酸性杂质** 　向蒸发皿中拌入6g生石灰粉，搅拌成为糊状。将蒸发皿移至灯焰上焙烤片刻，除去水分(也可用蒸汽浴加热，在不断搅拌下蒸干)。冷却后，擦去沾在边上的粉末，以免在升华时污染产品。
初次升华	**主要任务：升华粗咖啡因，得到纯咖啡因** 　1.在装有粗咖啡因的蒸发皿上，放一张穿有许多小孔的圆滤纸，再把大小合适的锥形漏斗盖在上面，漏斗颈部塞一小团疏松的棉花，以免蒸气外逸。 　2.在沙浴上小心地将蒸发皿加热，逐渐升高温度220℃，使咖啡因升华。咖啡因通过滤纸孔，遇到漏斗内壁，重新冷凝为固体，附在漏斗内壁和滤纸上。当观察到滤纸上出现大量白色针状晶体时，停止加热。 　3.冷却到100℃左右，揭开漏斗和滤纸，仔细地把附在纸上及漏斗内壁上的咖啡因用小刀刮下。
再次升华	**主要任务：经多次升华，得到纯咖啡因** 　1.将蒸发皿中残渣加以搅拌，重新放好滤纸和漏斗，用较大的火再加热片刻，使升华完全。 　2.合并咖啡因，称重。

【注意事项】 ‹‹‹——

1. 索氏提取器为配套装置，任何一个部件损坏都将导致整套装置报废，特别是虹吸管很容易折断，安装与使用时必须特别小心。

2. 用滤纸包茶叶末时要裹严，防止茶叶末漏出堵塞虹吸管；大小也要合适，要紧贴套管内壁，方便取放；高度不能超过虹吸管高度。

3. 当套筒内萃取液颜色变浅时，即可停止萃取。

4. 初次升华时，温度不能太高，否则滤纸会炭化变黑，一些有色物质也会被带出来，使产品不纯。

5. 再次升华时温度不能过高，否则蒸发皿内大量冒烟，产品既受污染，又遭损失。

6. 刮下咖啡因时要小心，防止混入杂质。

【问题讨论】 <<<←

1. 简述索氏提取器萃取的原理。它与一般的浸泡萃取比较有哪些优点？
2. 对索式提取器滤纸筒的基本要求是什么？
3. 为什么要将固体物质（茶叶）研细成粉末？

拓展任务三　从海带中提取单质碘

碘与人类的健康息息相关，是人体生长发育不可缺少的微量元素之一，有"智力元素"之称。主要用来维持人体甲状腺正常功能。成年人体内含有 20～50mg 的碘，若摄入碘量不足，就会患甲状腺肿病；儿童缺碘，会严重影响智力发展，导致智商低下。海带、海鱼等是含碘丰富的食品。

海带是一种在低温海水中生长的大型海生褐藻植物，属海藻类植物。海带中含有大量碘，其主要以碱金属、碱土金属碘化物形式存在。I^- 具有比较明显的还原性，因此，可用重铬酸钾氧化，使 I^- 转变为 I_2 的形式，而从海带中提取出来。

【任务描述】 <<<←

以海带主要原料，选择适合的实验操作方法，制备固体碘。

【任务分析】 <<<←

碱金属及碱土金属具有受热不分解、溶于水的特性，因此，在制备时可先高温灼烧干燥的海带使之灰化，再溶解，过滤出杂质。然后调节滤液 pH 至呈微酸性，将溶液蒸干。最后使干燥的碘化物与重铬酸钾固体共热，单质碘（I_2）即被游离出来，并被升华为碘蒸气。碘蒸气遇冷即生成紫黑色的碘晶体，从而得到较纯的单质碘。反应如下：

$$6NaI + K_2Cr_2O_7 + 7H_2SO_4 \xrightarrow{\triangle} Cr_2(SO_4)_3 + 3Na_2SO_4 + K_2SO_4 + 3I_2 + 7H_2O$$

【任务实施】 <<<←

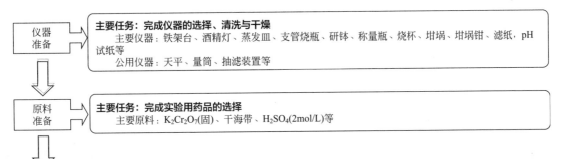

仪器准备 ← **主要任务：完成仪器的选择、清洗与干燥**
　　主要仪器：铁架台、酒精灯、蒸发皿、支管烧瓶、研钵、称量瓶、烧杯、坩埚、坩埚钳、滤纸，pH 试纸等
　　公用仪器：天平、量筒、抽滤装置等

原料准备 ← **主要任务：完成实验用药品的选择**
　　主要原料：$K_2Cr_2O_7$(固)、干海带、H_2SO_4(2mol/L)等

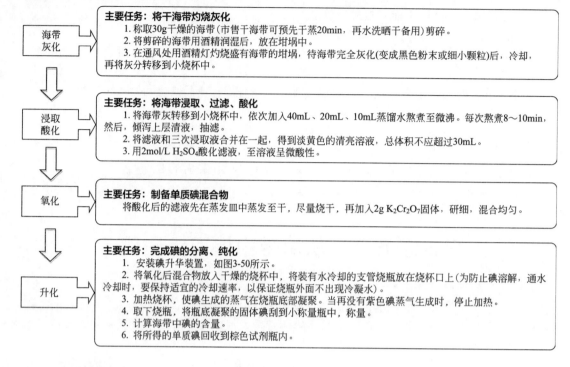

| 海带灰化 | **主要任务：将干海带灼烧灰化**
1. 称取30g干燥的海带(市售干海带可预先干蒸20min，再水洗晒干备用)剪碎。
2. 将剪碎的海带用酒精润湿后，放在坩埚中。
3. 在通风处用酒精灯灼烧盛有海带的坩埚，待海带完全灰化(变成黑色粉末或细小颗粒)后，冷却，再将灰分转移到小烧杯中。 |

| 浸取酸化 | **主要任务：将海带浸取、过滤、酸化**
1. 将海带灰转移到小烧杯中，依次加入40mL、20mL、10mL蒸馏水熬煮至微沸。每次熬煮8～10min，然后，倾泻上层清液，抽滤。
2. 将滤液和三次浸取液合并在一起，得到淡黄色的清亮溶液，总体积不应超过30mL。
3. 用2mol/L H_2SO_4 酸化滤液，至溶液呈微酸性。 |

| 氧化 | **主要任务：制备单质碘混合物**
将酸化后的滤液先在蒸发皿中蒸发至干，尽量烧干，再加入2g $K_2Cr_2O_7$ 固体，研细，混合均匀。 |

| 升化 | **主要任务：完成碘的分离、纯化**
1. 安装碘升华装置，如图3-50所示。
2. 将氧化后混合物放入干燥的烧瓶中，将装有水冷却的支管烧瓶放在烧杯口上(为防止碘溶解，通水冷却时，要保持适宜的冷却速率，以保证烧瓶外面不出现冷凝水)。
3. 加热烧杯，使碘生成的蒸气在烧瓶底部凝聚。当再没有紫色碘蒸气生成时，停止加热。
4. 取下烧瓶，将瓶底凝聚的固体碘刮到小称量瓶中，称量。
5. 计算海带中碘的含量。
6. 将所得的单质碘回收到棕色试剂瓶内。 |

【注意事项】 <<←

1. 将海带剪碎后，用酒精润湿，可使海带易于灼烧完全，灼烧时产生的烟较少，并缩短灼烧时间。

2. 应在通风处加热灼烧干海带，或使用通风设备，以除去白烟和难闻的气味。

3. 加热灼烧干海带时，应边加热边搅拌，用坩埚钳夹持坩埚，用玻璃棒小心搅拌，使海带均匀受热，加快灰化的速率。

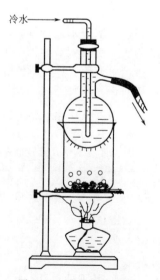

图 3-50　碘升华装置图

【问题讨论】<<<—

1. 从海带中提取碘的实验原理是什么？
2. 海带中的碘元素以什么形式存在？
3. 为什么要将干海带灼烧灰化？
4. 灼烧前，为什么将干海带用酒精润湿？
5. 海带灰浸取液中为什么要酸化至 pH 显中性？
6. 怎样计算海带中碘的含量？

拓展任务四　从橙皮中提取柠檬油

工业上常用水蒸气蒸馏的方法从植物（茎、花、叶果的某些树木）中获取挥发性成分（芳香物质）。这些挥发性成分的混合物统称香精油，大都具有令人愉快的香味。

柠檬油是一种常见的天然香精油，主要存在于柠檬、橙子和柚子等水果的果皮中，为黄色液体，具有有浓郁的柠檬香气，密度为 $0.857 \sim 0.862 \text{g/cm}^3$。柠檬油主要成分是柠檬烯（苧烯），含量占 $80\% \sim 90\%$，可用于配制饮料（如果汁、汽水等）香精、果香型牙膏香精等。

【任务描述】<<<—

> 以新鲜橙子皮为主要原料，选择适合的实验操作方法，制备柠檬油。

【任务分析】<<<—

柠檬油中含有多种分子式为 $C_{10}H_{16}$ 的物质，它们均为无色液体，不溶于水，溶于乙醇和冰醋酸，且沸点、折射率的很接近，多具有旋光性。柠檬油 90% 以上是柠檬烯，它是一环状化合物，其结构式如下：

柠檬烯

柠檬烯分子中有一个手性中心，其中 S-$(-)$ 异构体存在于松针油、薄荷油中；R-$(+)$ 异构体存在于柠檬油、橙皮油中；外消旋体存在于香茅油中。

本实验将从橙皮中提取柠檬烯（柠檬油）。

将橙皮用无水乙醇进行萃取，加入无水硫酸钠干燥，然后抽滤，抽滤后取滤液，再蒸馏，留下的残液为柠檬油，主要成分为柠檬烯。

【任务实施】<<<—

仪器准备	**主要任务：完成仪器的选择、清洗与干燥** 主要仪器：水蒸气蒸馏装置、水浴锅、分液漏斗、锥形瓶、烧杯等 公用仪器：天平、量筒、抽滤装置等

主要任务：完成实验用药品的选择
　　主要原料：新鲜橙子皮、无水乙醇、二氯甲烷、无水硫酸钠等

主要任务：
　　1.将2～3个新鲜橘子皮剪成细碎的片，投入250mL烧瓶中，加入30mL水。
　　2.安装水蒸气蒸馏装置。
　　3.进行水蒸气蒸馏。松开弹簧夹，加热水蒸气发生器至沸腾。当三通管支管口有大量的水蒸气冒出时夹紧弹簧夹，打开冷凝水，水蒸气蒸馏开始。
　　4.可观察到在馏出液的水面上浮着一层薄薄的油层。馏出液收集60～70mL时（馏出液不再浑油），松开弹簧夹，然后停止加热。

主要任务：制备粗柠檬油
　　将蒸馏馏出液倒入分液漏斗中。每次用10mL二氯甲烷萃取，萃取3次，将萃取液合并倒入烧杯中。

主要任务：粗柠檬油脱水
　　加入适量无水硫酸钠干燥0.5～1.0h。

原料准备

水蒸气蒸馏

萃取

干燥

精制提纯

主要任务：制备产品柠檬油
　　1.配上蒸馏头，用普通蒸馏方法水浴（45℃）蒸去二氯甲烷。
　　2.用抽滤装置减压抽取残余的二氯甲烷，余下的少量黄色液体即为柠檬油。

【注意事项】 《《←

1. 橙子皮要新鲜，剪成小碎片（越小越好）。
2. 蒸馏时，各个接口要衔接紧密，不要有缝隙。
3. 水蒸气蒸馏时，要控制馏出速率为每秒 2～3 滴。
4. 也可采用柠檬或柑橘皮作为原料。

【问题讨论】 《《←

1. 为什么可采用水蒸气蒸馏的方法提取柠檬油？
2. 为什么使用新鲜的橙子皮，而不是干燥的？

拓展任务五　　肥皂的制备

　　肥皂是脂肪酸金属盐的总称，日用肥皂中的脂肪酸碳数一般为 10～18，金属主要是钠或钾等碱金属，也有用氨及某些有机碱如乙醇胺、三乙醇胺等制成特殊用途肥皂的。肥皂中除含高级脂肪酸盐外，还含有松香、水玻璃、香料、染料等填充剂。

　　肥皂包括洗衣皂、香皂、金属皂、液体皂，还有相关产品脂肪酸、硬化油、甘油等。

【任务描述】 《《←

　　以猪油为主要原料，选择适合的实验操作方法，制备肥皂。

【任务分析】<<←

猪油是一种饱和高级脂肪酸甘油酯，酯类在碱性条件下发生的水解反应（皂化反应），产物高级脂肪酸钠盐是肥皂的主要成分。

【相关知识】<<←

一、肥皂的去污原理

肥皂的主要成分是硬脂酸钠，其分子式是 $C_{17}H_{35}COONa$。从结构上看，分子两端各含有一个基团，即非极性的碳链（憎水部位）和带电荷呈极性的 COO—（亲水部位）。洗涤时，污垢中的油脂被搅动、分散成细小的油滴，与肥皂接触后，靠范德华力与油脂分子结合在一起。此结合物经搅动后形成较小的油滴，其表面布满肥皂的亲水部位，而不会重新聚在一起形成大油污。具有极性的亲水部位，会破坏水分子间的吸引力而溶于水中。此过程（又称乳化）重复多次，则所有油污均会变成非常微小的油滴溶于水中，可被轻易地冲洗干净。

二、皂化反应

皂化原意指动、植物油脂与碱作用而生成肥皂（高碳数脂肪酸盐）和甘油的反应，现在一般指酯与碱作用而生成对应的酸（或盐）和醇的反应，是水解的一种。动物脂肪与氢氧化钠溶液共热，就会发生碱性水解反应（皂化反应），生成高级脂肪酸钠（肥皂）和甘油。皂化反应式如下：

$$\begin{array}{c}CH_2OOCR_1\\|\\CH_2OOCR_2\\|\\CH_2OOCR_3\end{array} + 3NaOH \longrightarrow \begin{array}{c}CH_2OH\\|\\CH_2OH\\|\\CH_2OH\end{array} + R_1COONa + R_2COONa + R_3COONa$$

　　　甘油三羧酸酯　　　　　　甘油　　　　肥皂的主要成分

三、盐析

向某些蛋白质溶液中加入某些无机盐溶液后，可以降低蛋白质的溶解度，使蛋白质凝聚而从溶液中析出，这种作用叫做盐析。将上述皂化反应混合物加入溶解度较大的无机盐，降低水对肥皂的溶解作用，可以把肥皂较为完全地从溶液中析出。

【任务实施】<<←

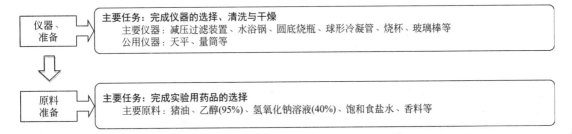

⬇

溶解	**主要任务：将猪油和氢氧化钠充分混合** 　　在150mL烧杯里，放入5g猪油，加入15mL 95%的乙醇，然后加入15mL 40%的NaOH溶液。用玻璃棒搅拌，使其溶解(必要时用微火加热)。

⬇

皂化	**主要任务：制备高级脂肪酸钠和甘油** 　　1.安装普通回流装置，采用水浴加热。 　　2.将混合液倒入250mL圆底烧瓶中，接通电源缓慢加热，使烧瓶内液体保持微沸(约40min)。若此期间烧瓶内产生大量泡沫，可从冷凝管口滴加少量1∶1的乙醇和氢氧化钠溶液。 　　3.皂化结束后，先停止加热，稍冷却后拆除装置。

⬇

盐析 过滤	**主要任务：制备皂化液** 　　1.在搅拌作用下，趁热将反应混合物倒入盛有150mL饱和食盐水的烧杯中，静置冷却，使肥皂完全析出。 　　2.安装加压过滤装置。 　　3.将充分冷却后的皂化液倒入布氏漏斗中，进行减压过滤。用冷水洗涤沉淀2次，抽干，得滤饼。

⬇

干燥 称重	**主要任务：制备产品肥皂** 　　将滤饼取出后，压制成一定形状，自然晾干后，称重并计算产率。

【注意事项】 ‹‹←

1. 普通肥皂不宜在硬水中使用，以免形成难溶于水的硬脂酸钙盐和镁盐。
2. 普通肥皂不宜在酸性水中使用，以免生成难溶于水的脂肪酸，降低去污能力。

【问题讨论】 ‹‹←

1. 在制备肥皂过程中，为什么要加入乙醇？
2. 在制备肥皂过程中，加入氢氧化钠的作用是什么？
3. 除了用猪油外，还可以选择哪些物质作为原料制作肥皂？
4. 废液中含有副产物甘油，试设计其回收方法。
5. 实验中，如何判断皂化反应进行是否完全？
6. 皂化反应后，为什么要进行盐析？

附录

附录一　国际单位制

附表 1　国际单位制中基本单位

物理量	常用符号	单位名称	单位符号
长度	l	米	m
质量	m	千克（又称"公斤"）	kg
时间	t	秒	s
电流	I	安[培]	A
热力学温度	T	开[尔文]	K
物质的量	n	摩[尔]	mol
发光强度	I	坎[德拉]	cd

附表 2　国际单位制中具有专门名称的导出单位

物理量	符号	单位名称	单位符号
频率	f	赫兹	Hz
力/重力	力为 F，重力为 G	牛顿	N
压强/应力	p	帕斯卡	Pa
能量/功/热量	能量为 E，功为 W，热量为 Q	焦耳	J
功率/辐射通量	P	瓦特	W
电荷量	Q	库仑	C
电势/电压/电动势	电势为 φ，电压为 U，电动势为 E	伏特	V
电阻	R	欧姆	Ω
电导	G	西门子	S
电容量	C	法拉	F
磁通量密度、磁感应强度	B	特斯拉	T
磁通量	Φ	韦伯	Wb
电感	L	亨利	H

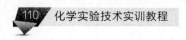

续表

物理量	符号	单位名称	单位符号
摄氏温度	t	摄氏度	℃
光通量	Φ	流明	lm
光照度	I	勒克斯	lx
放射性活度	A	贝克勒尔	Bq
吸收剂量	D	戈瑞	Gy
剂量当量（等效剂量）	H	希沃特	Sv

附表3　其他单位

物理量	符号	单位名称	单位符号
面积	S	平方米	m^2
体积	V	立方米	m^3
平面角	α	弧度	rad
立体角	Ω	球面度	sr
速率,速度	v	米每秒	m/s
角速度	ω	弧度每秒	rad/s
加速度	a	米每平方秒	m/s^2
力矩	τ	牛米	N·m
波数	k	每米	m^{-1}
密度	ρ	千克每立方米	kg/m^3
比体积	v	立方米每千克	m^3/kg
物质浓度	c	摩每立方米	mol/m^3
摩尔(莫耳)体积	Vm	立方米每摩	m^3/mol
熵	S	焦每开	J/K
摩尔(莫耳)热容量/摩尔(莫耳)熵	Cm	焦每摩开	J/(mol·K)
比热容量/比熵	c	焦每千克开	J/(kg·K)
摩尔能	Em	焦每摩	J/mol
比能	h	焦每千克	J/kg
能量密度	U	焦每立方米	J/m^3
表面张力	σ	牛每米	N/m
热通量密度/辐射照度/功率密度	E	瓦每平方米	W/m^2
热导率	λ	瓦每开米	W/(K·m)
运动黏度	γ	平方米每秒	m^2/s
黏度	μ	帕秒	Pa·s
电荷密度	ρ	库每立方米	C/m^3
电流密度	J	安每平方米	A/m^2
电导率	κ	西每米	S/m
摩尔(莫耳)电导	κm	西平方米每摩	$S·m^2/mol$

物理量	符号	单位名称	单位符号
介电常数(电容率)	ε	法每米	F/m
磁导率	μ	亨每米	H/m
电场强度	E	伏每米	V/m
磁场强度	H	安每米	A/m
亮度	L	坎每平方米	cd/m^2
照射(曝露)(x 及 γ 射线)	X	库每千克	C/kg
吸收剂量率	d	戈每秒	Gy/s
催化活性	z	卡塔尔	kat

附表 4　希腊字母表

大写	小写	英文注音	国际音标	中文注音	意义
A	α	alpha	/aːlf/	阿尔法	角度;系数
B	β	beta	/bet/	贝塔	磁通系数;角度;系数
Γ	γ	gamma	/gaːm/	伽马	电导系数(大写)
Δ	δ	delta	/delt/	德尔塔	变动;密度;屈光度
E	ε	epsilon	/ep'silon/	伊普西龙	对数基数
Z	ζ	zeta	/zat/	截塔	系数;方位角;阻抗;相对黏度
H	η	eta	/eit/	艾塔	磁滞系数;效率(小写)
Θ	θ	thet	/θit/	西塔	温度;相位角
I	ι	iot	/aiot/	约塔	微小,一点
K	κ	/kappa/	kap	卡帕	介质常数
Λ	λ	/lambda/	lambd	兰布达	波长(小写);体积
M	μ	mu	/mju/	缪	磁导系数;微(千分之一);放大因子(小写)
N	ν	nu	/nju/	纽	磁阻系数
Ξ	ξ	xi	/ksi/	克西	
O	o	omicron	/omik'ron/	奥密克戎	
Π	π	pi	/pai/	派	圆周率
P	ρ	rho	/rou/	柔	电阻系数(小写)
Σ	σ	sigma	/'sigma/	西格马	总和(大写);表面密度
T	τ	tau	/tau/	套	时间常数
Υ	υ	upsilon	/jup'silon/	宇普西龙	位移
Φ	φ	phi	/fai/	佛爱	磁通;角
X	χ	chi	/phai/	西	
Ψ	ψ	psi	/psai/	普西	角速度;角
Ω	ω	omega	/o'miga/	欧米伽	电阻单位(大写);加速(小写)

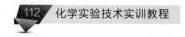

附录二 相对原子质量表

附表 5 相对原子质量表

原子序数	元素名称	符号	相对原子质量	原子序数	元素名称	符号	相对原子质量
1	氢	H	1.00794	47	银	Ag	107.8682
2	氦	He	4.002602	48	镉	Cd	112.411
3	锂	Li	6.941	49	铟	In	114.82
4	铍	Be	9.012182	50	锡	Sn	118.710
5	硼	B	10.811	51	锑	Sb	121.75
6	碳	C	12.011	52	碲	Te	127.60
7	氮	N	14.00674	53	碘	I	126.90447
8	氧	O	15.9994	54	氙	Xe	131.29
9	氟	F	18.9984032	55	铯	Cs	132.90543
10	氖	Ne	20.1797	56	钡	Ba	137.327
11	钠	Na	22.989768	57	镧	La	138.9055
12	镁	Mg	24.3050	58	铈	Ce	140.115
13	铝	Al	26.981539	59	镨	Pr	140.90765
14	硅	Si	28.0855	60	钕	Nd	144.24
15	磷	P	30.973762	61	钷	Pm	〔145〕
16	硫	S	32.066	62	钐	Sm	150.36
17	氯	Cl	35.4527	63	铕	Eu	151.965
18	氩	Ar	39.948	64	钆	Gd	157.25
19	钾	K	39.0983	65	铽	Tb	158.92534
20	钙	Ca	40.078	66	镝	Dy	162.50
21	钪	Sc	44.955910	67	钬	Ho	164.93032
22	钛	Ti	47.88	68	铒	Er	167.26
23	钒	V	50.9415	69	铥	Tm	168.93421
24	铬	Cr	51.9961	70	镱	Yb	173.40
25	锰	Mn	54.93805	71	镥	Lu	174.967
26	铁	Fe	55.847	72	铪	Hf	178.49
27	钴	Co	58.93320	73	钽	Ta	180.9479
28	镍	Ni	58.69	74	钨	W	183.85
29	铜	Cu	63.546	75	铼	Re	186.207
30	锌	Zn	65.39	76	锇	Os	190.2
31	镓	Ga	69.723	77	铱	Ir	192.22
32	锗	Ge	72.61	78	铂	Pt	195.08
33	砷	As	74.92159	79	金	Au	196.96654
34	硒	Se	78.96	80	汞	Hg	200.59
35	溴	Br	79.904	81	铊	Tl	204.3833
36	氪	Kr	83.80	82	铅	Pb	207.2
37	铷	Rb	85.4678	83	铋	Bi	208.98037
38	锶	Sr	87.62	84	钋	Po	〔210〕
39	钇	Y	88.90585	85	砹	At	〔210〕
40	锆	Zr	91.224	86	氡	Rn	〔222〕
41	铌	Nb	92.90638	87	钫	Fr	〔223〕
42	钼	Mo	95.94	88	镭	Ra	226.0254
43	锝	Tc	98.9062	89	锕	Ac	227.0278
44	钌	Ru	101.07	90	钍	Th	232.0381
45	铑	Rh	102.90550	91	镤	Pa	231.03588
46	钯	Pd	106.41	92	铀	U	238.0289

附录三 压力计量单位及换算

附表 6 压力计量单位及换算

单位	牛顿/米²(帕斯卡、N/m²或 Pa)	公斤力/厘米²(kgf/cm²)	标准大气压(atm)	毫米水柱 4℃(mmH₂O)	毫米水银柱 0℃(mmHg)
牛顿/米²(帕斯卡、N/m²或 Pa)	1	10.1972×10^{-6}	0.986923×10^{-5}	0.101972	7.50062×10^{-3}
公斤力/厘米²(kgf/cm²)	98.0665×10^{3}	1	0.967841	10×10^{3}	735.559
标准大气压(atm)	1.01325×10^{5}	1.03323	1	10.3323×10^{3}	760
毫米水柱 4℃(mmH₂O)	0.101972	1×10^{-4}	9.67841×10^{-5}	1	73.5559×10^{-3}
毫米水银柱 0℃(mmHg)	133.322	0.00135951	0.00131579	13.5951	1

附录四 常用的无机干燥剂

附表 7 常用无机干燥剂的用途及注意事项

干燥剂	类别	用途可被干燥的气体	注意事项
浓 H_2SO_4	强酸性干燥剂	干燥 N_2、O_2、Cl_2、H_2、CO、CO_2、SO_2、HCl、NO、NO_2、CH_4、C_2H_4、C_2H_2等气体	浓硫酸有强氧化性和酸性,不能用来干燥有还原性或有碱性的气体
P_2O_5	酸性干燥剂	干燥 H_2S、HBr、HI 及其他酸性、中性等气体	无强氧化性,但有酸性,可以干燥有还原性、无碱性的气体
无水 $CaCl_2$	中性干燥剂	干燥 H_2、O_2、N_2、CO、CO_2、SO_2、HCl、CH_4、H_2S 等气体	不能干燥 NH_3(因它可与 NH_3 形成八氨合物,使被干燥的 NH_3 大量损失)
生石灰、氢氧化钠(CaO、NaOH)	碱性干燥剂	干燥 NH_3 等	都不能干燥酸性的气体
硅胶(Na_2SiO_3)	碱性干燥剂	可干燥胺、NH_3、O_2、N_2 等气体及液体脱水或用于干燥器中	吸水后变红。失效的硅胶可以经烘干再生后继续使用。但不适用于干燥 HF

附录五 常见化合物颜色

附表 8 氧化物颜色

CuO	NiO	FeO	Fe₃O₄	MnO₂	V₂O₃	Co₃O₃	PbO	Cu₂O
黑色	黑色	黑色	黑色	黑色	黑色	黑色	黄色	暗红色
Hg₂O	Pb₃O₄	TiO₂	Cr₂O₃	HgO	ZnO	VO₂	V₂O₅	Ag₂O
黑褐色	红色	白色或橙红色	绿色	红色或黄色	白色	深蓝色	红棕色	暗棕色
CrO₃	MnO₂	NiO	Ni₂O₃	Fe₂O₃	CoO			
红色	棕褐色	暗绿色	黄色	砖红色	灰绿色			

附表 9　氢氧化物颜色

Zn(OH)$_2$	Pb(OH)$_2$	Mg(OH)$_2$	Sn(OH)$_2$	Sn(OH)$_4$	Mn(OH)$_2$	Al(OH)$_3$
白色	白色	白色	白色	白色	白色	白色
Fe(OH)$_3$	Cd(OH)$_2$	Bi(OH)$_3$	Sb(OH)$_3$	Cu(OH)$_2$	CuOH	Ni(OH)$_2$
红棕色	白色	白色	白色	浅蓝色	黄色	浅绿色
Ni(OH)$_3$	Co(OH)$_2$	Co(OH)$_3$	Cr(OH)$_3$	Fe(OH)$_2$		
黑色	粉红色	褐棕色	灰绿色	白色或苍绿色		

附表 10　氯化物颜色

AgCl	Hg$_2$Cl$_2$	PbCl$_2$	CuCl	CuCl$_2$	CuCl$_2$·2H$_2$O	Hg(NH$_3$)Cl
白色	白色	白色	白色	棕色	蓝色	白色
CoCl$_2$·H$_2$O	CoCl$_2$·2H$_2$O	CoCl$_2$	CoCl$_2$·6H$_2$O	FeCl$_3$·6H$_2$O		
蓝紫色	蓝红色	蓝色	粉红色	黄棕色		

附表 11　溴化物颜色

AgBr	CuBr$_2$	PbBr$_3$
淡黄色	黑紫色	白色

附表 12　碘化物颜色

AgI	Hg$_2$I$_2$	HgI$_2$	PbI$_2$	CuI
黄色	黄褐色	红色	黄色	白色

附表 13　卤酸盐颜色

Ba(IO$_3$)$_2$	AgIO$_3$	KClO$_4$	AgBrO$_3$
白色	白色	白色	白色

附表 14　硫酸盐颜色

Ag$_2$SO$_4$	PbSO$_4$	CuSO$_4$·5H$_2$O	Cr$_2$(SO$_4$)$_3$·6H$_2$O	[Fe(NO)]SO$_4$
白色	白色	蓝色	绿色	深棕色
Hg$_2$SO$_4$	CaSO$_4$	CoSO$_4$·7H$_2$O	Cr$_2$(SO$_4$)$_3$·18H$_2$O	Cu(OH)$_2$SO$_4$
白色	白色	红色	蓝紫色	浅蓝色
BaSO$_4$	Cr$_2$(SO$_4$)$_3$	MnSO$_4$·7H$_2$O		
白色	紫色或红色	粉红色		

附表 15　硫化物颜色

Ag$_2$S	ZnS	PbS	CuS	Cu$_2$S	FeS	Fe$_2$S$_3$	HgS
灰黑色	白色	黑色	黑色	黑色	棕黑色	黑色	红色或黑色
SnS$_2$	CdS	Sb$_2$S$_3$	Sb$_2$S$_5$	MnS	As$_2$S$_3$	SnS	
金黄色	黄色	橙色	橙红色	肉色	黄色	灰黑色	

附表 16　碳酸盐颜色

Ag₂CO₃	CaCO₃	BaCO₃	Ni₂(OH)₂CO₃	Zn₂(OH)₂CO₃
白色	白色	白色	浅绿色	白色
CdCO₃	FeCO₃	MnCO₃	Cu₂(OH)₂CO₃	
白色	白色	白色	暗绿色	

附表 17　磷酸盐颜色

Ca₃(PO₄)₂	CaHPO₄	Ba₃(PO₄)₂	FePO₄	Ag₃PO₄	MgNH₄PO₄
白色	白色	白色	浅黄色	黄色	白色

附表 18　铬酸盐颜色

Ag₂CrO₄	PbCrO₄	BaCrO₄	CaCrO₄	FeCrO₄·2H₂O
砖红色	黄色	黄色	黄色	黄色

附表 19　硅酸盐颜色

BaSiO₃	CuSiO₃	CoSiO₃	Fe₂(SiO₃)₃	MnSiO₃	NiSiO₃	ZnSiO₃
白色	蓝色	紫色	棕红色	肉色	翠绿色	白色

附表 20　类卤化合物颜色

AgCN	Ni(CN)₂	Cu(CN)₂	CuCN	AgSCN	Cu(SCN)₂
白色	浅绿色	浅棕黄色	白色	白色	黑绿色

附表 21　草酸盐颜色

CaC₂O₄	Ag₂C₂O₄	FeC₂O₄·2H₂O
白色	白色	黄色

附表 22　其他含氧酸盐颜色

Ag₂S₂O₃	BaSO₃
白色	白色

附表 23　其他化合物颜色

Fe₄[Fe(CN)₆]₃·xH₂O	Cu₂[Fe(CN)₆]	Ag₃[Fe(CN)₆]	Zn₃[Fe(CN)₆]₂
蓝色	红棕色	橙色	黄褐色
Co₂[Fe(CN)₆]	Ag₄[Fe(CN)₆]	Zn₂[Fe(CN)₆]	K₃[Co(NO₂)₆]
绿色	白色	白色	黄色
K₂Na[Co(NO₂)₆]	(NH₄)₂Na[Co(NO₂)₆]	K₂[PtCl₆]	Na₂[Fe(CN)₅NO]·2H₂O
黄色	黄色	黄色	红色

附录六　常见酸、碱溶解性表（20℃）

附表 24　常见酸、碱溶解性表

阳离子＼阴离子	OH⁻	NO₃⁻	Cl⁻	SO₄²⁻	S²⁻	SO₃²⁻	CO₃²⁻	SiO₃²⁻	PO₄³⁻
H^+	H₂O	溶、挥	溶、挥	溶	溶、挥	溶、挥	溶、挥	微	溶
NH_4^+	溶、挥	溶	溶	溶	溶	溶	溶	溶	溶
K^+	溶	溶	溶	溶	溶	溶	溶	溶	溶
Na^+	溶	溶	溶	溶	溶	溶	微	溶	溶
Ba^{2+}	溶	溶	溶	不	—	不	不	不	不
Ca^{2+}	微	溶	溶	微	—	不	不	不	不
Mg^{2+}	不	溶	溶	溶	—	微	微	不	不
Al^{3+}	不	溶	溶	溶	—	—	—	不	不
Mn^{2+}	不	溶	溶	溶	不	不	不	不	不
Zn^{2+}	不	溶	溶	溶	不	不	不	不	不
Cr^{3+}	不	溶	溶	溶	—	—	—	不	不
Fe^{2+}	不	溶	溶	溶	不	不	不	不	不
Fe^{3+}	不	溶	溶	溶	—	—	不	不	不
Sn^{2+}	不	溶	溶	溶	不	不	—	—	不
Pb^{2+}	不	溶	微	不	不	不	不	不	不
Bi^{3+}	不	溶	—	溶	不	不	不	—	不
Cu^{2+}	—	溶	溶	溶	不	不	不	—	不
Hg^+	—	溶	不	微	不	不	不	—	不
Hg^{2+}	—	溶	溶	溶	不	不	不	—	不
Ag^+	—	溶	不	微	不	不	不	不	不

注："溶"表示这种物质可溶于水，"不"表示难溶于水，"微"表示微溶于水，"挥"表示易挥发，"—"表示不存在或遇水分解。

附录七　常见酸、碱水溶液的质量分数、密度及物质的量浓度之间的关系

附表 25　常见酸、碱水溶液的质量分数、密度及物质的量浓度关系表

质量分数 w_B/%	H₂SO₄ ρ /(g/cm³)	H₂SO₄ c_B /(mol/L)	HNO₃ ρ /(g/cm³)	HNO₃ c_B /(mol/L)	HCl ρ /(g/cm³)	HCl c_B /(mol/L)	KOH ρ /(g/cm³)	KOH c_B /(mol/L)	NaOH ρ /(g/cm³)	NaOH c_B /(mol/L)	NH₃ ρ /(g/cm³)	NH₃ c_B /(mol/L)
2	1.013		1.011		1.009		1.016		1.023		0.992	
4	1.027		1.022		1.019		1.033		1.046		0.983	
6	1.040		1.033		1.029		1.048		1.069		0.973	
8	1.055		1.044		1.039		1.065		1.092		0.967	
10	1.069	1.1	1.056	1.7	1.049	2.9	1.082	1.9	1.115	2.8	0.960	5.6
12	1.083		1.068		1.059		1.100		1.137		0.953	
14	1.098		1.080		1.069		1.118		1.159		0.946	
16	1.112		1.093		1.079		1.137		1.181		0.939	
18	1.127		1.106		1.089		1.156		1.213		0.932	
20	1.143	2.3	10119	3.6	1.100	6.0	1.176	4.2	1.225	6.1	0.926	10.9
22	1.158		1.132		1.110		1.196		1.247		0.919	
24	1.178		1.145		1.121		1.217		1.268		0.913	

续表

质量分数 $w_B/\%$	H₂SO₄ ρ /(g/cm³)	c_B /(mol/L)	HNO₃ ρ /(g/cm³)	c_B /(mol/L)	HCl ρ /(g/cm³)	c_B /(mol/L)	KOH ρ /(g/cm³)	c_B /(mol/L)	NaOH ρ /(g/cm³)	c_B /(mol/L)	NH₃ ρ /(g/cm³)	c_B /(mol/L)
26	1.190		1.158		1.132		1.240		1.289		0.908	
28	1.205		1.171		1.142		1.263		1.310		0.903	
30	1.224	3.7	1.184	5.6	1.152	9.5	1.268	6.8	1.332	10	0.898	15.9
32	1.238		1.198		1.163		1.310		1.352		0.893	
34	1.055		1.211		1.173		1.334		1.374		0.8989	
36	1.273		1.225		1.183	11.7	1.358		1.395		0.884	18.7
38	1.290		1.238		1.194	12.4	1.384		1.416			
40	1.307	5.3	1.251	7.9			1.411	10.1	1.437	14.4		
42	1.324		1.264				1.437		1.458			
44	1.342		1.277				1.460		1.478			
46	1.361		1.290				1.485		1.499			
48	1.380		1.303				1.511		1.519			
50	1.399	7.1	1.316	10.4			1.538	13.7	1.540	19.3		
52	1.419		1.328				1.564		1.560			
54	1.439		1.340				1.590		1.580			
56	1.460		1.351				1.616	16.1	1.601			
58	1.482		1.362						1.622			
60	1.503	9.2	1.373	13.3					1.643	24.6		
62	1.525		1.384									
64	1.547		1.394									
66	1.571		1.403	14.6								
68	1.594		1.412	15.2								
70	1.617	11.6	1.421	15.8								
72	1.640		1.429									
74	1.664		1.437									
76	1.687		1.445									
78	1.71		1.453									
80	1.732	14.1	1.460	18.5								
82	1.755		1.467									
84	1.766		1.474									
86	1.793		1.480									
88	1.808		1.486									
90	1.819	16.7	1.491	23.1								
92	1.830		1.496									
94	1.837		1.500									
96	1.84		1.504									
98	1.841	18.4	1.510									
100	1.838		1.522	24								

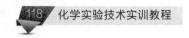

附录八　常见试剂保存

附表 26　常见试剂保存

注意事项		试剂名称举例
需要密封	易潮解吸湿	氧化钙、氢氧化钠、氢氧化钾、碘化钾、三氯乙酸
	易失水风化	结晶硫酸钠、硫酸亚铁、含水磷酸氢二钠、硫代硫酸钠
	易挥发	氨水、氯仿、醚、碘、麝香草酚、甲醛、乙醇、丙酮
	易吸收 CO_2	氢氧化钾、氢氧化钠
	易氧化	硫酸亚铁、醚、醛类、酚、抗坏血酸和一切还原剂
	易变质	丙酮酸钠、乙醚和许多生物制品（常需冷藏）
需要避光	见光变色	硝酸银（变黑）、酚（变淡红）、氯仿（产生光气）、茚三酮（变淡红）
	见光分解	过氧化氢、氯仿、漂白粉、氢氰酸
	见光氧化	乙醚、醛类、亚铁盐和一切还原剂
特殊方法保管	易爆炸	苦味酸、硝酸盐类、过氯酸、叠氮化钠
	剧毒	氰化钾（钠）、汞、砷化物、溴
	易燃	乙醚、甲醇、乙醇、丙醇、苯、甲苯、二甲苯、汽油
	腐蚀	强酸、强碱

1. 氢氟酸应保存于塑料瓶中，其他试剂一般都用玻璃瓶。

2. 固体一般用广口瓶，液体一般用细口瓶。

3. 氢氧化钠、水玻璃等碱性物质应用胶塞，不宜用玻璃塞。苯、甲苯、乙醚等有机溶剂应用玻璃塞不宜用胶塞。

4. 见光易分解或变质的试剂一般盛于棕色瓶，如硝酸、硝酸银、氯水等。且应置于冷暗处。其他一般用无色瓶。

5. 易被氧化而变质的试剂：

① 活泼性钾、钠、钙等保存在煤油中；

② 碘化钾、硫化亚铁、硫酸钠等平时保存固体而不保存溶液。使用硫酸亚铁或氧化亚铁溶液时内放少量铁粉或铁钉。

6. 因吸收二氧化碳或水蒸气而变质的试剂应密封保存（如 NaOH、石灰水、漂白粉、水玻璃，Na_2O_2 等），石灰水最好现用现配。

7. 白磷少量保存在水中。

8. 液溴保存于细口瓶中，液面上加水，使之"水封"，瓶口用蜡封好。

9. 浓盐酸、氨水、碘及苯、甲苯、乙醚等低沸点有机物均须保存在瓶内并加塑料盖密封，置于冷暗处。

附录九　常见化合物的俗称

附表 27　常见化合物的俗称

类别	俗称	主要化学成分	俗称	主要化学成分
硫酸盐类	皓矾	$ZnSO_4 \cdot 7H_2O$	生石膏	$CaSO_4 \cdot 2H_2O$
	钡餐, 重晶石	$BaSO_4$	熟石膏	$2CaSO_4 \cdot H_2O$
	绿矾, 皂矾, 青矾	$FeSO_4 \cdot 7H_2O$	胆矾, 蓝矾	$CuSO_4 \cdot 5H_2O$
	芒硝, 朴硝, 皮硝	$Na_2SO_4 \cdot 10H_2O$	莫尔盐	$(NH_4)_2SO_4 \cdot FeSO_4 \cdot 6H_2O$
	明矾	$KAl(SO_4)_2 \cdot 12H_2O$		
矿石类	萤石	CaF_2	生石灰	CaO
	光卤石	$KCl \cdot MgCl_2 \cdot 6H_2O$	硼砂	$Na_2B_4O_7 \cdot 10H_2O$
	黄铜矿	$CuFeS_2$	刚玉(蓝宝石、红宝石)	天然产的无色 Al_2O_3 晶体
	硫铁矿(黄铁矿)	FeS_2	智利硝石	$NaNO_3$
	菱铁矿石	Fe_2CO_3	铝土矿	Al_2O_3
	菱镁矿	$MgCO_3$	高岭土	$Al_2O_3 \cdot 2SiO_2 \cdot 2H_2O$
	大理石(方解石、石灰石)	$CaCO_3$	高岭石	$Al_2(Si_2O_5)(OH)_4$ 或 $(Al_2O_3 \cdot 2SiO_2 \cdot 2H_2O)$
	炉甘石	$ZnCO_3$	矾土	$Al_2O_3 \cdot H_2O$, $Al_2O_3 \cdot 3H_2O$ 和少量 Fe_2O_3、SiO_2
	赤铁矿	Fe_2O_3	铝热剂	Al 和 Fe_2O_3
	磁铁矿	Fe_3O_4	黄铁矿(愚人金)	FeS_2
	褐铁矿石	$2Fe_2O_3 \cdot 3H_2O$	滑石	$3MgO \cdot 4SiO_2 \cdot H_2O$
	镁铁矿石	Mg_2SiO_4	孔雀石	$CuCO_3 \cdot Cu(OH)_2$
	苏口铁	碳以片状石墨形式存在	白云石	$MgCO_3 \cdot CaCO_3$
	白口铁	碳以 FeC_3 形式存在	冰晶石	Na_3AlF_6
	正长石	$KAlSi_3O_8$	锡石	SnO_2
	石英, 脉石	SiO_2	辉铜矿	Cu_2S
	磷矿粉	$Ca_3(PO_4)_2$		
气体类	高炉煤气	CO、CO_2 等混合气体	爆鸣气	H_2 和 O_2
	水煤气	CO、H_2	液化石油气	C_3H_8、C_4H_{10} 为主
	天然气(沼气)	CH_4	笑气	N_2O
其他类	漂白粉	$CaCl_2$ 和 $Ca(ClO)_2$	纯碱(碱面)苏打	Na_2CO_3
	白垩	$CaCO_3$	王水	HCl、HNO_3 ($3:1$)
	石灰水(熟石灰, 消石灰)	$Ca(OH)_2$	水玻璃(泡火碱)	Na_2SiO_3
	足球烯	C_{60}	小苏打	$NaHCO_3$
	铜绿	$Cu_2(OH)_2CO_3$	火碱、烧碱	$NaOH$
	盐卤	$MgCl_2 \cdot 6H_2O$	大苏打(海波)	$Na_2S_2O_3$
	雌黄	As_2S_3	石棉	$CaO \cdot 3MgO \cdot 4SiO_2$
	雄黄	As_4S_4	砒霜	As_2O_3
	朱砂	HgS	泻盐	$MgSO_4 \cdot 7H_2O$
	波尔多液	$CuSO_4$ 和 $Ca(OH)_2$	钛白粉	TiO_2
	重钙	$Ca(H_2PO_4)_2 \cdot 2CaSO_4$	碳铵	NH_4HCO_3
	普钙	$Ca(H_2PO_4)_2$		

附录十 常用酸、碱的密度和浓度

附表 28 常用酸、碱的密度和浓度

试剂名称	密度/(g/mL)	$w/\%$	$c/(mol/L)$
盐酸	1.18~1.19	36.0~38.0	11.6~12.4
硝酸	1.39~1.40	65.0~68.0	14.4~15.2
硫酸	1.83~1.84	95.0~98.0	17.8~18.4
磷酸	1.69	85.0	14.6
高氯酸	1.68	70.0~72.0	11.7~12.0
冰乙酸	1.05	99.0~99.8	17.4
氢氟酸	1.13	40.0	22.5
氢溴酸	1.49	47.0	8.6
氨水	0.88~0.90	25.0~28.0	13.3~14.8

附录十一 二维码信息介绍

附表 29 二维码信息介绍

编号	信息名称	信息简介	二维码
M1-1	计量类仪器	展示计量类仪器的图片、分类、用途、使用注意事项	
M1-2	反应类仪器	展示反应类仪器的图片、分类、用途、使用注意事项	
M1-3	分离类仪器	展示分离类仪器的图片、分类、用途、使用注意事项	
M1-4	容器类仪器	展示容器类仪器的图片、分类、用途、使用注意事项	
M1-5	干燥类仪器	展示干燥类仪器的图片、分类、用途、使用注意事项	

编号	信息名称	信息简介	二维码
M1-6	固定夹持类器具	展示固定夹持类仪器的图片、分类、用途、使用注意事项	
M1-7	配套类仪器	展示配套类仪器的图片、分类、用途、使用注意事项	
M1-8	其他常用仪器和器具	展示其他常用仪器和器具的图片、分类、用途、使用注意事项	
M1-9	从细口瓶中取液体试剂	展示用量杯从细口瓶中量取一定体积的液体试剂的操作方法	
M1-10	用量筒量取液体试剂	展示用量筒量取一定体积的液体试剂的操作方法	
M2-1	玻璃仪器的洗涤方法	展示常用玻璃仪器的洗涤方法和洁净标准	
M2-2	玻璃仪器的干燥方法	展示常用玻璃仪器的干燥方法	
M2-3	电热恒温干燥箱的使用方法	展示电热恒温干燥箱的使用方法	
M2-4	托盘天平的使用方法	展示托盘天平的调零和固体药品的称量方法	

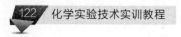
续表

编号	信息名称	信息简介	二维码
M2-5	一定质量固体药品的称量方法	展示使用托盘天平称量一定质量的固体药品的操作方法	
M2-6	电子分析天平的使用方法	展示电子分析天平的调平和称量一定质量的固体药品的操作方法	
M2-7	递减称量法	展示使用电子分析天平进行递减称量的操作过程	
M2-8	标准溶液的配制方法	展示使用容量瓶配置一定浓度溶液的操作方法	
M2-9	磁力搅拌器的使用方法	展示磁力搅拌器的安装与使用操作方法	
M3-1	减压过滤操作	展示减压过滤仪器的安装与操作方法	
M3-2	简单回流装置的安装方法	展示简单回流装置的安装与拆卸操作方法	
M3-3	复杂回流装置的安装方法	展示复杂回流装置的安装与拆卸操作方法	
M3-4	蒸馏装置的安装方法	展示蒸馏装置的安装与拆卸操作方法	

编号	信息名称	信息简介	二维码
M3-5	分馏装置的安装	展示分馏装置的安装与拆卸操作方法	
M3-6	分液漏斗试漏操作方法	展示分液漏斗涂凡士林和试漏的操作方法	
M3-7	萃取、洗涤和分液操作方法	展示使用分液漏斗进行萃取、洗涤和分液的操作方法	
M3-8	水蒸气蒸馏装置安装方法	展示水蒸气蒸馏装置的安装与拆卸操作方法	

参 考 文 献

[1] 胡应喜.基础化学实验.北京:石油工业出版社,2010.
[2] 徐晓强.基础化学实验.北京:化学工业出版社,2013.
[3] 丁敬敏.化学实验技术.北京:化学工业出版社,2007.
[4] 张振宇.化学实验技术基础.北京:化学工业出版社,1999.
[5] 初玉霞.有机化学实验.北京:化学工业出版社,2013.